配电网故障辨识与保护新技术

刘鹏辉　著

U0324209

中国矿业大学出版社
·徐州·

内 容 提 要

本书阐述了配电网单相接地故障、电弧接地故障、相间短路故障的故障辨识与继电保护新技术。首先,分析了面向配电网故障辨识及保护技术的研究进展、面临的挑战。然后,提出了系列的故障辨识与继电保护新技术,具体包括:单相接地故障检测、选线与定位新技术,基于故障旁路特征的电弧接地故障辨识与检测新技术,以及反映相间短路故障的继电保护技术与防误动方案。

本书可供高等院校电气工程及其自动化、智能电网信息工程等相关专业的教师和学生阅读,也可供从事配电网故障诊断研究、继电保护研究与应用的工程技术人员参考。

图书在版编目(CIP)数据

配电网故障辨识与保护新技术 / 刘鹏辉著. — 徐州 :
中国矿业大学出版社,2024.10. —ISBN 978 - 7 - 5646
- 6494 - 7

Ⅰ. TM727;TM77

中国国家版本馆 CIP 数据核字第 2024FR7584 号

书　　名	配电网故障辨识与保护新技术
著　　者	刘鹏辉
责任编辑	何　戈
出版发行	中国矿业大学出版社有限责任公司
	(江苏省徐州市解放南路　邮编221008)
营销热线	(0516)83885370　83884103
出版服务	(0516)83995789　83884920
网　　址	http://www.cumtp.com　E-mail:cumtpvip@cumtp.com
印　　刷	苏州市古得堡数码印刷有限公司
开　　本	787 mm×1092 mm　1/16　印张 8.75　字数 171 千字
版次印次	2024 年 10 月第 1 版　2024 年 10 月第 1 次印刷
定　　价	38.00 元

(图书出现印装质量问题,本社负责调换)

前　言

　　配电网是连接发输电系统和电力用户的关键一环。国家发展改革委先后发布了《关于加快配电网建设改造的指导意见》《配电网建设改造行动计划》等系列政策文件,明确表示促进配电网向智能化方向发展。国家电网的"碳达峰、碳中和"行动方案、南方电网的"十四五"电网发展规划均强调针对智能配用电技术开展科技攻关。建设、完善配电网始终受到国家层面的高度重视。

　　配电网的安全性与可靠性不仅涉及电力企业的售电利益,而且关系到电力用户的用电权益。然而,我国配电网发展不充分、不完善,存在诸多安全风险。从客观上看,我国配电网网络架构薄弱,点多面广,存在较大的故障风险;从主观上看,当前配电网自动化与智能化水平还比较低,故障检测与诊断能力弱,保护动作正确率与故障定位准确率远低于输电线路。从历史上看,早期的"重输(电)轻配(电)",使配电网检测与保护装置可获取的电气参量不够充分;从发展上看,众多新兴事物广泛接入配电网,供电方式、运行方式日益灵活,配电变压器的数量与容量与日俱增,故障信号日趋复杂,故障检测与继电保护难度愈发变大。就具体配电网故障辨识与继电保护技术而言,中性点非有效接地运行方式下配电网单相接地故障检测、选线与定位受系统三相绝缘不平衡、过渡电阻间歇性电弧接地等影响很大;相间短路故障检测与保护的有效性与可靠性面临分布式电源广泛接入、故障潮流双向流动、配电网励磁涌流等因素带来的严峻挑战。因此,如何构建有效的故障辨识与保护方案成为配电网或电网发展过程中亟须研究解决的关键技术问题。为此,本书对配电网故障辨识新技术与新型保护原理进行了研究、分析与探讨。

本书第 1 章概述了配电网系统的故障辨识与保护技术研究现状和进展。第 2 章介绍了配电网单相接地故障信号分析与故障选线技术。第 3 章介绍了考虑设备极性反接的单相接地故障选线方法。第 4 章介绍了基于 DTW 距离算法的配电网单相接地故障区段定位及应用。在考虑电弧接地故障的基础上,第 5 章介绍了基于故障旁路特征的电弧接地故障检测方法。第 6 章介绍了基于 DTW 距离的短路故障辨识及电流差动保护,以解决 DG 规模化接入情况下,有源配电网中的故障辨识与保护。第 7 章介绍了多电源联合供电的闭环配电网短路故障辨识与线路相位差动保护方法。第 8 章介绍了配电线路励磁涌流辨识与继电保护防误动方案,据此消除励磁涌流和 CT 饱和导致的信号波形畸变,避免继电保护误动作。

本书是河南理工大学刘鹏辉在配电网故障辨识和继电保护技术领域研究工作的积累。这些研究得到了湖南大学黄纯教授的指导与帮助,还得到了国网湖南电科院、河南理工大学的众多专家和老师的指导与支持,在此表示由衷的感谢。此外,还要感谢张亚柠、郑克影等研究生为本书文本整理、出版所付出的辛勤工作。

由于作者学识水平有限,书中难免有不妥之处,恳请读者批评指正。

著 者
2024 年 5 月

目　录

第1章　绪　　论

1.1　配电网故障辨识与保护技术概述

第二次工业革命以来,人类社会进入电气时代,电能被应用到国民经济与人民生活的各个领域,成为推动社会进步、经济发展的一种重要的能源形式[1]。电力系统是大规模使用电能的桥梁,其安全、可靠运行是电力用户获取优质电能的必要条件。严重的电力系统故障将导致电能供应的中断,造成巨大的财产损失和人员伤亡。众所周知的"美加大停电"不仅使美国与加拿大蒙受巨大的经济损失,同时也引发部分地区陷入供水中断、严重火灾、航班取消、交通与社会活动停滞等,甚至造成了一定的人员伤亡;2012 年的"印度大停电"导致印度境内近一半地区的电力系统陷入瘫痪,使约占全世界十分之一的人口受到影响,造成了严重的经济损失和恶劣的社会影响。于是,提升电力系统继电保护与故障排除能力,保障电力系统的安全、可靠运行,极为重要[2]。

作为电力系统中承担电能分配的重要环节,配电网直接连接输电系统与电力终端用户,其安全性与可靠性不仅关系到电力企业的售电利益,而且关系到电力用户的用电权益。一方面,国家发展改革委和国家能源局先后发布了《关于加快配电网建设改造的指导意见》和《配电网建设改造行动计划(2015—2020年)》,明确表示加大配电网建设改造资金投入,为配电网的技术革新与升级改造提供了物质基础与政策支持。另一方面,中共中央、国务院还颁布了《关于进一步深化电力体制改革的若干意见》,强调积极推进分布式电源快速发展,不断提高电网的能源消纳能力和利用效率;国家发展改革委会同多部门联合印发《关于推进电能替代的指导意见》[3],倡导在终端能源消费环节实施电能替代。这些政策,在客观上顺应了新能源与电力系统的发展需求,进一步提高了对配电网的要求。因此,配电网的安全与保护问题不容忽视。然而,相比于发达国家,我国配电网的自动化与智能化水平较低,故障检测与排查能力较弱,故障保护动作正确率与故障定位准确率长期偏低[4]。

我国配电网广泛采用中性点非有效接地运行方式(或被称为小电流接地运行方式),单相接地故障下故障特征复杂,导致单相接地故障检测难度很大。配电网中性点非有效接地运行方式主要包括中性点不接地和经消弧线圈接地。在单相接地故障下,故障回路阻抗很大,故障电流极小。这既是其优点,又是其缺点。优点是,在发生单相接地故障后配电网可带故障运行,仍能对负荷进行不间断供电;缺点在于,故障电流微弱,故障检测难度大。尤其在中性点经消弧线圈接地配电网中,消弧线圈的补偿作用使故障特征更加微弱、复杂。我国配电网点多面广,十分庞大,考虑经济性,馈线上所配备测量单元的采样率较低,配电网保护装置的通信能力与信号处理能力也远低于输电网保护装置。因此,有效检测并排除中性点非有效接地配电网单相接地故障仍存在较大难度。

此外,配电网电弧接地故障作为一种特殊的接地故障,监测难度也很大。电弧故障发生时伴随有强烈的弧光、弧声等,长时间在网络中存在会对整个配电网造成无法估计的危害。在电弧故障电流信号零休期不明显或不易分辨的情况下,常见的电弧故障辨识方法的准确率往往达不到预期目标。

再者,现阶段各种类型分布式电源(distributed generation,DG)大量接入,配电网故障潮流双向性为相间短路故障监测与继电保护带来严峻挑战。传统配电网多采用辐射型结构或开环运行的环网结构,线路一般配置按照单一潮流方向整定的电流保护。在各种形式的DG广泛渗透下,配电网由原来的单电源辐射供电变为多电源联合供电,常规的无法辨别短路电流方向的电流保护难以保证配电网的安全、可靠运行。从配电网电力装备上看,为降低成本和避免铁磁谐振,馈线上一般不装设电压互感器,且馈线终端单元(feeder terminal unit,FTU)通信实时性较弱,时间同步误差大,既不能利用电压量构成潮流方向元件,又不能实时传输电流信号构成电流差动保护。因此,亟须研究多电源联合供电背景下的有源配电网短路故障及继电保护技术。

针对相间短路的继电保护技术所面临的挑战不仅来自DG的规模化接入,还来自配电网励磁涌流干扰。进入21世纪以来,工商业用电负荷激增,配电变压器数量与容量不断增大。当空载合闸或故障排除后恢复送电时,配电网下游众多配电变压器可能产生数值很大、波形畸变的励磁涌流,并渗透到配电网中,容易造成基于短路电流相量量测的继电保护误动作。

当然,配电网故障辨识与保护技术所面临的不全是挑战,同时还有很大的机遇。一方面,随着高级传感与测量感知技术、信号时频域分析技术、人工智能技术等的快速发展,各种先进的电气信号特征辨识与检测技术被相继应用于配电网监测与诊断,为解决故障保护问题提供了技术启示。另一方面,在方针政策上，国家发展改革委和国家能源局先后发布了《关于加快配电网建设改造的指导意见》和《配电网建设改造行动计划（2015—2020 年）》，明确表示加大配电网建设改造资金投入，"十三五"期间的投资额不低于 20 000 亿元，为配电网故障辨识与保护技术的快速发展提供了物质基础与政策支持[5]。

　　总之，配电网故障辨识与保护技术的挑战与机遇相交织。继电保护研究人员应正确认识挑战，充分把握机遇，不断革新技术，开拓创新，继续保障配电网的安全、可靠运行。基于此，本书充分考虑了配电网电力装备现状，面向实际配电网工程需要，致力于研究配电网单相接地、电弧接地与相间短路故障辨识与保护技术新方案，力求为配电网故障辨识与保护技术提供坚实可靠的技术支持，提升配电网供电的安全性和可靠性。

1.2　单相接地故障辨识与保护研究进展

　　中性点非有效接地配电网发生单相接地故障后线电压依然保持对称，可对电力用户进行不间断供电。鉴于此项优势，我国以及中欧、东欧的一些国家，在配电网中广泛采用中性点非有效接地运行方式。然而，中性点非有效接地配电网发生单相接地故障后故障特征微弱，故障检测与定位难度大[6]；若长时间带故障运行容易导致系统绝缘损坏，使单点接地故障演变为多点接地故障或相间短路故障。因此，必须可靠检测单相接地故障，并准确定位故障位置，及时排除故障，避免故障恶化。

　　国内外专家学者对中性点非有效接地配电网单相接地故障的辨识与保护技术进行了广泛而深入的研究。常规的保护流程是，先根据零序电压判定配电网是否发生了单相接地故障，然后通过故障选线与定位方法确定故障的具体位置。零序电压判据的主要依据是，故障发生后，故障相的电压大幅跌落，打破了三相相电压的对称性。然而，零序电压判据仍然存在一些弊端：正常运行中系统三相线路对地电容不平衡所导致的三相不对称可能错误触发零序电压判据；单相接地故障发生后零序电压的稳态幅值上升缓慢，零序电压判据无法准确确定故障起始时刻；间歇性电弧接地故障下，零序电压判据的检测效率不高[7-8]。因此，有必要研究辅助的故障检测判据，提高单相接地故障检测的效率与可靠性。对于单相接地故障的选线与定位，近几十年来相关技术层出不穷。其中，具有代表性的研究工作可分为以下几类。

　　（1）稳态分量法

　　稳态分量法主要根据单相接地故障后部分稳态指标在配电网络中的分布情况来实现故障选线与故障定位。其中，最为传统的是零序电流法，包括零序电流幅值法和零序电流方向法。其基本原理是,故障馈线上零序电流的幅值远大于未故障馈线。故障馈线与未故障馈线上的零序电流大约相差$180°$,并且故障馈线上零序电流大约滞后于零序电压$90°$,而未故障馈线上的零序电流大约超前于零序电压$90°$。基于以上原理,构成区分出故障馈线与健全馈线的判据。此类方法在网络电容电流较小时容易出现误判现象,并且易受消弧线圈补偿作用影响,不能应用于消弧线圈补偿接地配电网系统。为减小消弧线圈的不利影响,文献[9-10]提出利用5次谐波电流,通过比幅比相原理,构成单相接地故障选线判据。其基本依据是,消弧线圈对馈线电流信号中5次谐波的补偿作用很小,可将配电网络5次谐波回路近似看作中性点不接地系统。然而,配电网电流信号中5次谐波含量远低于基波,不易被保护装置获取,限制了5次谐波法的应用。并且,系统暂态过程中所产生的谐波也容易对5次谐波法形成干扰,影响其可靠性。文献[11-12]研究了多种基于零序电流有功分量的小电流接地故障选线与定位保护方法,其主要根据接地故障时系统中线路电导、消弧线圈电阻等产生的有功分量不能被消弧线圈补偿,利用故障馈线中零序有功分量数值最大、相位相反的特征构成保护。此类基于有功分量的方法在理论上不受消弧线圈的不利影响,但受系统三相不平衡影响较大,且要求检测装置能准确提取零序故障电流中微弱的有功分量。根据以上论述可知,稳态分量法的主要弊端在于:消弧线圈容易对其造成不利影响;所借助的特征量微弱,易受干扰,且不易被保护装置准确获取。

（2）暂态分量法

与稳态分量不同,故障瞬间暂态信号的数值很大。并且,在高频暂态情况下消弧线圈的阻抗极大,可以忽略暂态过程中消弧线圈的补偿作用。因此,暂态分量法可以克服上述稳态分量法的弊端。受益于此,近年来基于暂态分量的单相接地故障选线与定位方法受到广泛关注。

首半波法是最早被提出的基于零序电流信号暂态分量的单相接地故障保护方法,其基本原理是,单相接地故障发生后的半个工频周期内,故障馈线上的暂态零序电流将远大于健全馈线,并且两者极性相反。在此基础上,文献[13-14]提出了多种改进的首半波法,并借助 DSP 等微处理器进行了测试试验。然而,首半波法一般假定接地故障发生在相电压最大值附近,当故障发生在电压过零点附近时,首半波法的应用效果将变得不太理想。此外,高阻接地故障时的暂态电流较小,首半波法也容易产生误判。

行波法[15]基于故障行波理论,利用故障行波的波头极性、波头到达时刻、行波信号时频域特性等,实现接地故障的选线与定位。清华大学的董新洲教授及其科研团队,多年来长期致力于单相接地故障行波选线与定位原理研究,将小波变换、希尔伯特变换等应用于瞬时接地故障行波检测[16],设计了多种基于单相接地故障行波原理的故障选线与故障定位方案,建立了可直接应用于数字化变电站且符合 IEC 61850 标准的单相接地故障保护装置模型[17-18],并将所研发的相关暂态行波保护技术应用于实际工程,在现场对其进行了试验验证。文献[19-21]利用零模行波波速特征、衰减特性、多模量行波相位关系、波形唯一和时频特征匹配特性等构成配电网单相接地故障行波定位与测距技术,快速确定故障点位置,部分研究成果已被应用于工程实践,取得了良好的故障定位效果。上述行波法依赖于保护装置准确捕捉故障行波,并根据行波特征确定故障位置。然而,行波法要求极高的采样频率,并且故障暂态行波特征微弱,易受到系统其他暂态过程的干扰。

暂态信号比较法主要根据中性点非有效接地配电网单相接地故障下暂态零序电流在馈线不同检测点之间的相似性构成保护判据,从而确定故障位置。山东大学、中国石油大学、山东科汇电气与山东理工大学等多家单位组成的联合课题组,对暂态信号比较法及其在配电网单相接地故障选线与故障定位中的应用,进行了长期而深入的研究,着重分析了中性点不接地与经消弧线圈接地系统的单相接地故障暂态等值电路、单相接地故障下的 LC 暂态谐振演化机理,以及故障暂态信号时频域相似性特征,并应用层次分析等多种方法对故障暂态等值模型进行分析评价,提出了一系列基于单相接地故障暂态相似性的故障选线与定位技术,推动了相关技术的发展。长沙理工大学曾祥君教授及其课题组为解决配电网单相接地故障选线与定位准确率较低的问题,详细分析了馈线不同测量点电流信号中多个暂态特征量的差异及分布规律,提出了多项基于暂态量的单相接地故障保护方法[22-23]。此外,国内外其他研究人员也提出了诸多基于暂态信号比较的单相接地故障选线与定位方法,在多项指标上实现了技术突破。然而,上述暂态信号比较法对故障起始时刻检测准确性、信号同步性等要求较高,并且其可靠性有待实际工程检验。

其他的基于信号暂态分量的方法也被大量提出,应用于配电网接地故障保护。例如,文献[24]研究发现了故障馈线上游和下游的暂态等效导纳随频率变化的关系,提出了一种基于馈线暂态信号重心频率的配电网单相接地故障区段定位算法,仿真结果表明了该方法在不同系统中均能准确确定故障位置,且只需要采集暂态零序电流信息,不需各检测点时间同步,具有一定的容错能力。文献[25]提出了一种分散式的谐振接地配电网单相接地故障检测技术,根据中性点电压位移检测故障,利用数学形态学方法进行暂态信号分析,并根据故障后暂态零序电流的初始瞬变值与故障相电压的关系,识别故障所在馈线。仿真结果表明,该方法适用于不同的补偿水平以及不同的故障起始角,并且能够区分单相接地故障与其他干扰情况。

（3）人工智能与综合诊断法

随着人工智能技术的快速发展，深度学习、模糊分类算法、BP神经网络等被大量应用于配电网接地故障诊断与保护。此类基于人工智能的保护技术借助已有的故障分析理论，针对接地故障信号进行多信息综合智能研判，产生了许多新型的研究成果。文献[26]分析了故障过渡电阻、故障距离、故障合闸角等对故障电流频谱的影响，利用质心频率描述故障电流频谱的整体分布特征，并运用BP神经网络模拟故障信号频谱质心频率与不同故障参数的映射关系，最后根据BP神经网络的输出结果确定故障位置。该方法能适应配电网复杂的网架结构，可应用于带分支的馈线与混合馈线。文献[27]提出了一种基于连续小波变换（continuous wavelet transform，CWT）和卷积神经网络（convolutional neural network，CNN）的谐振接地配电系统故障馈线检测方法，将CWT应用于馈线暂态零序电流信号的时频域特征采集，在获得了信号时频灰度图像的基础上，利用CNN自适应地提取灰度图像的特征，并在各种故障条件和因素下对大量的灰度图像进行了广泛的训练，训练后的CNN可同时进行故障特征提取与故障诊断。利用所提方法对一个实际的谐振接地配电系统进行了仿真，证明了所提方法的有效性与先进性。事实上，上述人工智能与综合诊断法的可靠性取决于所选取的人工智能技术的有效性，以及训练样本的全面性。此外，此类方法一般需要专用芯片的支持，实现成本相对较高。

（4）主动扰动与信号注入法

主动扰动与信号注入法主要指在检测到接地故障后，通过调整消弧线圈参数、构造新的接地点、向系统注入特征信号等方式，使保护装置获取相对明显的故障特征，以便实现故障选线与故障定位。文献[28]提出了一种新的消弧线圈并联电抗器接地方法，并提出了相应的绝缘参数测量和消弧线圈控制技术，有助于接地故障电弧自熄灭。并且，所提绝缘参数测量方法可实现对单相接地故障的实时感知与有效保护，具有简单、方便、准确的优点。文献[29]利用脉宽调制型有源逆变器，在配电网发生单相接地故障后，向配电网注入零序电流，对单相接地故障电流进行自动跟踪补偿，实现瞬时故障电弧的快速熄灭。并且通过测量各馈线零序电压和零序电流的变化量，构成了接地故障保护技术。文献[30]详细分析了已有的通过自适应调整消弧线圈的接地故障电流自熄弧技术，并在分析接地故障后消弧线圈调节作用的基础上，提出了相应的配电网单相接地故障分析与保护方法。文献[31-32]分别提出了基于并联电阻扰动和消弧线圈主动扰动的配电网单相接地故障定位方法，显示了较好的定位效果。文献[33]分别就注入直流、方波、脉冲信号的单相接地故障保护技术进行研究，提出了相应的保护原理与保护判据。上述基于主动扰动与信号注入的方法的优势在于,此类方法具有很强的灵活性与较高的可靠性。同时,其缺点在于,需要借助辅助的电气设备,且改变了系统的故障特征,容易导致系统内其他装置产生误判。

综上所述,中性点非有效接地配电网发生单相接地故障时,故障特征微弱,干扰信号较多且相对复杂,已有的保护技术在故障特征表征,功能实现独立性、可靠性,以及鲁棒性上尚存在不足之处。因此,仍需针对单相接地故障机理、故障特性、故障特征辨识技术等展开深入探究,准确提取故障特征,构造坚实可靠的单相接地故障辨识与保护新技术。

1.3　电弧接地故障辨识与保护研究进展

随着电力系统技术和规模的日益发展,配电网运行中经常会出现各种各样的故障,电网中线路短路、故障电弧等原因导致电气火灾发生频率越来越高。如何快速辨识故障类型、精准定位故障位置,已成为现阶段研究的重中之重。单相接地故障为配电网中最为常见的故障类型,而电弧接地故障为单相接地故障中一种特殊的故障类型。当发生电弧接地故障的时候,常伴随有强烈的发热、发光的连续放电现象,且故障电弧不易被检测到,长时间在网络中存在会对整个配电网造成无法估计的危害,严重威胁到电网的正常运行。

现阶段对于电弧故障的检测主要是两方面。一方面针对电弧故障发生时的物理特征,通过设立温度、光感传感器等元件对线路中的电弧故障进行检测。不过这种方法经常会受到环境条件的制约,并且传感器等元件一般只能设立在开关柜处。另一方面针对电弧故障发生时故障线路独特的"马鞍型"电流波形以及存在"零休期"的电压电路波形进行检测,常见的分析故障电弧电流特征频段的方法有小波分析和经验模态分解。小波分析能同时提取故障信号时域和频域方面的信息,从而准确地捕捉到故障瞬时特征。但在小波基函数的确定以及适用范围的问题方面存在严重的不足。经验模态分解常用于信号处理方面,能将原始的非线性信号分解为多个本征模态函数和一个残差之和。但多个本征模态函数分解时存在模态混叠现象,时间尺度不能统一。而且,利用电弧故障特殊波形的方法存在偶然性、理想化的问题,忽略了健全线路上的可用于电弧故障辨识的丰富的故障特征。事实上,健全线路故障特征十分有利于对于故障电弧的辨识,尤其是在电弧故障电路零序电流信号"零休期"不明显或不易分辨的情况下。此外,国内外专家还提出了许多新型算法,如基于零序电流凹凸性的检测算法等,但已有方法大多采用多种数学方法组合处理信号,容易导致特征量物理意义不清晰,故障检测准确度有待进一步检验。

综上所述,现有技术方法对于电网电弧接地故障检测尚不完善。辨识电弧接地故障和非燃弧接地故障不仅可以利用故障线路零序信号特征波形进行检测,而且可以利用健全线路丰富的故障特征,并且辨识效果有着识别极端情况的优良抗干扰性。因此,仍需研发利用电弧故障电流和常规单相接地故障电流形式差异的故障检测方法,及时识别电弧故障,尽快排除故障,提高配电网正确识别故障的能力,保障配电网的安全运行。

1.4 相间短路故障辨识及保护研究进展

配电网中 DG 的广泛渗透,将改变配电网供电结构,使配电网故障潮流呈现双向性和不确定性,配电网变为有源配电网(部分文献延伸为主动配电网或智能配电网)。此时,配电网上原有保护装置的可靠性将大打折扣,反映配电网相间短路故障的继电保护技术面临很大挑战。前期,各国电力公司主要通过限制接入配电网的 DG 的渗透率与刚度比,来减小 DG 对配电网运行的不利影响[34]。近年来,随着可再生能源技术的快速发展,各国不断提高对分布式能源的重视,越来越注重分布式能源的利用效率,DG 在配电网中的渗透率逐年升高。DG 规模化接入情况下的配电网保护技术已成为制约 DG 在配电网中广泛应用的重大技术难题。倘若不解决这一难题,将严重影响分布式发电技术的发展,削弱电力系统的能源消纳能力和能源利用效率。

近年来,国内外学者对有源配电网相间短路故障及保护技术进行了诸多探索。其中一种解决方案是,为线路上的传统电流保护装置加装方向元件,即实施方向过电流保护方案。例如,文献[35]利用定向故障限流器缓解 DG 及微网对继电保护装置协调的影响,无须使用自适应保护方案或新的继电器,提高了效率且降低了运维成本。文献[36]提出了一种基于故障稳态分量的自适应定向电流保护方案,通过分析不同类型分布式电源的故障暂态特性和故障均衡方法,计算出故障稳态分量、等效电压和等效阻抗,从而形成了针对不同故障类型的自适应定向电流保护判据。该方案不受分布式电源类型的影响,对系统运行模式适应性强,在电压降和低电压运行的情况下能够正确运行,灵敏度高。

还有一种方案是,将输电网距离保护方法经改进后应用于有源配电网。文献[37]提出了一种借助有源配电网中的先进测量技术设计的反时低阻抗保护方案,不受灵活工作模式引起的故障电流变化的影响,并能够根据故障严重程度自动调整故障跳闸时间,不受抽头位置调整、DG 波动、网络结构变化等影响,具有很高的可靠性和灵敏度。文献[38]和文献[39]分别提出了一种适用于有源配电网的正序阻抗差动保护原理和一种基于正序分量综合阻抗的纵联保护新原理。

通过借鉴电流差动保护原理思想，根据正序差动阻抗差异区分线路上的内部和外部故障，可适用于含分布式逆变型电源的有源配电网保护，具有容易整定、动作灵敏、抗过渡电阻能力强的优点。然而，以上保护方案中的潮流方向元件、距离或阻抗测量单元等，均需调用配电网线路电压信息，要求线路上配置有电压互感器。

不需电压量的电流差动保护也被应用于 DG 高度渗透的配电网线路保护中。例如，文献[40]提出了一种适用于有源配电网的能量方向纵联保护方法。基于不同故障类型下各故障相能量函数的特征分析，以及针对配电网中性点非有效接地的网络特点，建立了基于故障超前相的故障识别判据，构造了能量函数幅值辅助判据以克服区内分支负荷投切对故障判别的影响。此外，理论分析了基于正序分量控制的逆变型 DG 在恒有功、恒无功控制模式以及低电压穿越无功支持模式下的故障输出特性对保护性能的影响。文献[41]提出了一种基于电流初始行波极性的纵联保护方案，通过判别故障初始行波到达线路两端时产生的暂态行波的极性来确定故障区域，具有良好的方向性。但是，这些保护技术对保护装置间数据通信实时性、时间同步性要求极高。

综上所述，以上研究成果在很大程度上推动了分布式能源在有源配电网中的安全、高效利用，顺应了配电网的发展需求。然而，这些继电保护原理与技术尚不够尽善尽美，存在或多或少的不足之处。特别地，考虑到我国配电网电力装备现状，已提出的多源供电配电网线路保护技术，大多难以完全适应配电网线路上电压互感器缺失、保护装置间通信能力较弱等工程背景；在有源配电网中分布式能源与系统的交互作用、配电变压器励磁涌流侵入等情况下，故障检测与继电保护可靠性仍有待验证。因此，仍需进一步深入研究配电网相间短路故障辨识与相应的继电保护技术。

1.5　本书主体框架

本书主要包括 8 章内容，涵盖了配电网单相接地、电弧接地与相间短路等故障辨识与保护新技术。首先，第 1 章介绍了配电网故障辨识与保护技术研究进展。其次，第 2、第 3、第 4 章介绍了应对配电网单相接地故障的故障辨识与保护技术。再次，第 5 章介绍了配电网电弧接地故障辨识与检测新技术。第 6、第 7 章介绍了应对配电网相间短路故障的故障辨识与保护方法。最后，第 8 章介绍了励磁涌流侵入配电网场景下的继电保护防误动方案。

第2章 配电网单相接地故障信号分析与故障选线

我国配电网广泛采用中性点非有效接地运行方式,当发生单相接地故障时,故障电流很小,不会触发反映短路故障的馈线保护,系统仍可带故障运行一段时间。然而,单相接地故障导致非故障相对地电压升高,容易演变为多点接地故障或相间短路故障,严重危害系统绝缘与设备安全。因此,必须准确定位单相接地故障所在位置,并及时排除故障。

中性点非有效接地配电网发生单相接地故障后,故障电流微弱,故障特征不明显,故障检测与故障选线难度大。一方面,用于单相接地故障检测的零序电压判据容易受到系统三相电压不平衡、间歇性电弧接地等影响,可能产生误判,且难以准确捕捉故障起始时刻。另一方面,由于故障特征不显著、特征采集与表征不充分、现场运行状况复杂、电磁干扰严重等原因,单相接地故障选线方法在实际工程中正确率偏低。亟须深入研究单相接地故障机理,利用有效的信号特征辨识方法对故障信号进行表征,提出可靠的单相接地故障检测与故障选线方法。

本章在分析单相接地故障机理、故障暂态零序电流特性的基础上,以信号数值分布峭度与偏度作为信号特征辨识参量,进行故障检测与故障选线,提出了一种基于峭度与偏度的单相接地故障检测与选线方法。具体地,利用暂态零序电流信号峭度特征,配合零序电压判据,实现单相接地故障检测,并捕捉故障起始时刻;利用故障起始时刻后暂态零序电流信号的偏度特征,构建故障选线判据,确定单相接地故障所在馈线。所提方法在三相不平衡、间歇性电弧接地等情况下均能可靠检测单相接地故障,优于零序电压判据;即使在噪声干扰情况下,所提方法仍能实现故障选线。数字仿真测试与现场录波数据测试均验证了所提方法的有效性。

2.1　中性点非有效接地配电网单相接地故障分析

在中性点非有效接地配电网中,由于系统中性点处不接地或经消弧线圈接地,单相接地故障下故障回路阻抗很大,故障电流微弱。对于中性点不接地配电网,单相接地故障时故障电流为馈线电容电流[42],数值很小。对于如图 2-1 所示的中性点经消弧线圈接地配电网,在馈线发生单相接地故障时,消弧线圈所产生的感性电流对馈线电容电流进行补偿,使故障电流进一步减小。

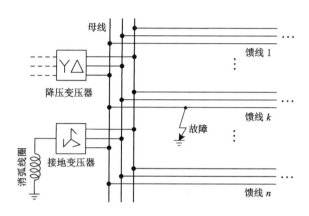

图 2-1　简化的中性点非有效接地配电网

消弧线圈可以补偿故障电流中的容性电流成分,但不能减少故障点相电压的跌落。由于单相接地故障导致故障点相电压大幅跌落,故障点三相相电压变得不再对称,产生一个数值较大的零序电压。在故障点零序电压的作用下,配电系统电流信号中产生零序分量。图 2-2 所示为配电网的简化零序等效电路,其中,u_{F0} 代表故障点零序电压,R、L 和 C 分别为所有馈线的联合等效零序电阻、电感和电容,R_0 和 L_0 分别代表消弧线圈在零序网络中的等效电阻与电感,i_0、i_C 和 i_L 为流过不同支路的零序电流。

配电网发生单相接地故障瞬间,系统原有平衡被打破,开始向新的平衡状态过渡[43]。由于系统中存在电感、电容等动态元件,过渡过程中存在复杂的振荡过程。根据图 2-2 所示零序等效电路,建立了如下微分方程:

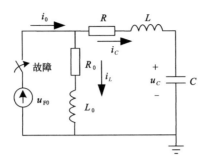

图 2-2　简化的零序等效电路

$$\begin{cases} i_0 = i_C + i_L \\ LC\dfrac{\mathrm{d}^2 u_C}{\mathrm{d}t^2} + RC\dfrac{\mathrm{d}u_C}{\mathrm{d}t} + u_C - u_{F0} = 0 \\ i_C = C\dfrac{\mathrm{d}u_C}{\mathrm{d}t} \\ L_0\dfrac{\mathrm{d}i_L}{\mathrm{d}t} + R_0 i_L - u_{F0} = 0 \end{cases} \tag{2-1}$$

结合初始条件,求解得到:

$$i_0(t) = I_C\cos(\omega t + \varphi_C) - I_L\cos(\omega t + \varphi_L) + I_L\cos\varphi_L\, \mathrm{e}^{-\frac{t}{\tau_L}} +$$
$$I_C\left(\frac{\omega_F}{\omega}\sin\varphi_C\sin\omega_F t - \cos\varphi_C\cos\omega_F t\right)\mathrm{e}^{-\frac{t}{\tau_C}} \tag{2-2}$$

式中　I_C 和 I_L——i_C 和 i_L 的工频分量幅值;

ω——电流工频分量的角频率;

ω_F——电流振荡分量的角频率;

φ_L 和 φ_C——初始相角;

$\tau_L = L_0/R_0$、$\tau_C = 2L/R$——振荡时间常数。

由于消弧线圈的补偿作用,系统零序电流工频分量的幅值变得很小,过补偿状态下工频零序电流还可能发生反向流动。因此,在消弧线圈补偿系统中,基于零序电流工频分量的单相接地故障检测方法效果不佳,难以适用。于是,本章主要利用零序电流的高频振荡分量(称之为暂态零序电流)实施故障检测。可从式(2-3)中获取暂态零序电流:

$$i_z = I_C\left(\frac{\omega_F}{\omega}\sin\varphi_C\sin\omega_F t - \cos\varphi_C\cos\omega_F t\right)\mathrm{e}^{-\frac{t}{\tau_C}} \tag{2-3}$$

式中　i_z——暂态零序电流。

由式(2-3)可以发现,暂态零序电流的数学表达式主要由高频振荡函数与指数衰减函数的乘积构成。因此,暂态零序电流波形具有两项重要特征:振荡特征和衰减特征。

考虑到暂态零序电流呈现高频特性,本章利用 FIR 高通数字滤波器从零序电流信号中提取暂态零序电流信号。所使用的 FIR 滤波器通过 Kaiser 窗函数确定。由于接地故障暂态电流信号主频率一般大于 300 Hz,因此设置高通通带起始频率为 300 Hz。同时,为了抑制工频或其他低频分量对故障检测的影响,将高通带阻截止频率设为 250 Hz。阻带和通带的最大波纹系数分别设置为0.05 和 0.01。

图 2-3 显示了一次单相接地故障时的故障零序电流信号波形,以及经高通滤波器提取的暂态零序电流信号波形。与式(2-3)中数学描述相一致,暂态零序电流信号中不再存在工频稳态分量,但仍然呈现振荡特征与衰减特征。

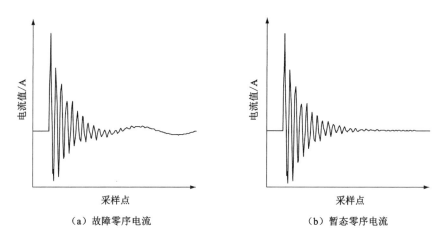

（a）故障零序电流　　　　　　　　　　（b）暂态零序电流

图 2-3　一次单相接地故障时的零序电流与暂态零序电流

2.2　基于峭度与偏度的故障特征辨识与保护原理

本章利用数值分布峭度与偏度对暂态零序电流进行特征辨识,构成中性点非有效接地配电网单相接地故障检测与选线方法,主要包括基于信号峭度的单相接地故障检测方法和基于信号偏度的单相接地故障选线方法。其中,单相接地故障检测方法用来判定配电网是否发生单相接地故障,单相接地故障选线方法用来确定故障所在馈线。

2.2.1 基于信号峭度的单相接地故障检测方法

通常,零序电压判据被用来进行单相接地故障检测。然而,配电网运行过程中三相电压不平衡所产生的零序电压可能导致传统的零序电压判据产生误判。此外,间歇性电弧接地故障下,由于零序电压幅值上升缓慢,零序电压判据将难以准确确定故障起始时刻[44]。为了解决以上问题,本章利用暂态零序电流数值分布峭度判据作为检测单相接地故障的主判据,以零序电压判据作为辅助判据,进行综合研判,可靠检测单相接地故障,避免配电网三相电压不平衡情况下的误判,同时准确确定故障起始时刻。

信号数值分布峭度的数学表达式如下:

$$DK = \frac{1}{N} \sum_{j=1}^{N} \left(\frac{x_j - \mu}{\sigma} \right)^4 \tag{2-4}$$

式中　DK——信号样本数据的数值分布峭度;

x_j——信号样本数据中第 j 个样本数据;

N——参与计算的信号样本数据的总数目;

μ 和 σ——信号样本数据的平均值和标准差。

数值分布峭度 DK 可表征一个随机变量取值的聚集程度[45]。特别地,对于服从正态分布的随机变量,其取值的数值分布峭度 DK 将等于 3,于是正态分布的峭度值常被视为参考值。图 2-4 显示了几种典型随机变量概率分布曲线以及相应的分布峭度。

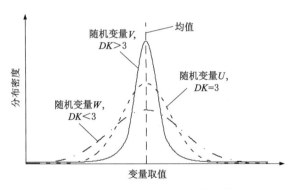

图 2-4　典型随机变量概率分布曲线及分布峭度

图 2-4 中,随机变量 U 服从正态分布,并且其数值分布峭度 DK 恰等于 3。相比于正态分布,随机变量 V 在均值附近的聚集程度与分布密度较大,在远离均值处的分布密度较小,其数值分布峭度 DK 大于 3。相反,随机变量 W 的概率分布较为平均,其在均值附近的聚集程度与分布密度相比于正态分布更小,而

在远离均值处的分布密度则更大,因此数值分布峭度 DK 小于 3。

通过对电流信号进行采样,每当获得一个新的数据后,所提方法便利用最新的半个工频周期的信号数据,计算信号的数值分布峭度 DK。图 2-5(a)显示了一次单相接地故障下的暂态零序电流信号及其数值分布。暂态零序电流信号波形呈现振荡衰减特性,信号样本数值分布具有向均值附近聚集的特征。这种聚集程度明显强于正态分布,因此所求得的数值分布峭度 DK 远大于 3。

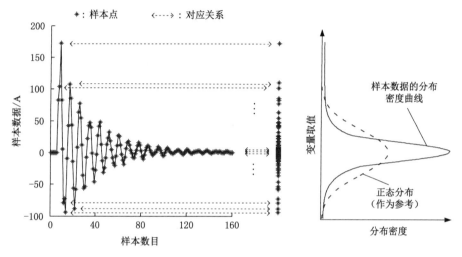

（a）单相接地故障下暂态零序电流及其数值分布

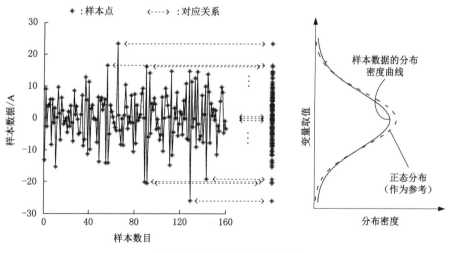

（b）随机噪声信号及其数值分布

图 2-5　不同电流信号数值分布及对比

随机噪声信号及其数值分布也在图 2-5(b)中给出,容易发现,其样本数据的数值分布近似服从正态分布。因此,随机噪声信号的数值分布峭度 DK 约等于 3。

由于随机噪声信号和单相接地故障暂态电流信号的数值分布峭度 DK 存在明显差异,本章利用数值分布峭度 DK 作为检测单相接地故障的一项指标,判据设置如下:

$$DK > K_{set} \tag{2-5}$$

式中　K_{set}——设定的阈值。

根据不同故障参数、不同运行状态下的大量仿真,将阈值设为 6,对于两种电流均存在较大的裕度。

在算法运行过程中,一旦所求得的数值分布峭度 DK 满足式(2-5),即判定可能发生了单相接地故障,保护将被启动。此外,为了加强所提故障检测方法的可靠性,将式(2-6)所示的零序电压判据设置为单相接地故障检测的辅助判据。如果在暂态零序电流信号数据满足式(2-5)后 5 个工频周期内,零序电压信号也开始满足式(2-6),则判定系统发生了单相接地故障。

$$U_0 > U_{set} \tag{2-6}$$

式中　U_0——零序电压的幅值;

　　　U_{set}——零序电压判据的阈值,一般设为额定电压的 $10\%\sim20\%$。

在判定单相接地故障发生后,故障起始时刻依照下述准则确定:在式(2-5)被满足后的四分之一个工频周期内,信号数值分布峭度的最大值所对应的时刻为故障起始时刻。

图 2-6(a)所示为从一次现场实际单相接地故障信号中提取的一段暂态零序电流信号,根据信号数据计算的数值分布峭度 DK 如图 2-6(b)所示。从图中容易发现,在单相接地故障发生后瞬间,所求得的 DK 的值急剧变大,并且远大于设定的阈值 K_{set}。这表明,暂态零序电流信号数值分布峭度 DK 能够体现单相接地故障,并且可被用来确定故障起始时刻。

2.2.2　基于信号偏度的单相接地故障选线方法

产生暂态零序电流的物理基础是故障后馈线电容的充放电现象[46]。馈线电容充放电过程相当迅速,所产生的暂态零序电流在频域上表现出高频特性。在高频情况下,消弧线圈电感的感抗值极大,此时消弧线圈所提供的暂态补偿电流极小。因此,在分析高频暂态零序电流时,可以忽略消弧线圈的补偿作用,进而忽略掉消弧线圈所在支路。

图 2-7 显示了馈线暂态零序电流在配电网馈线上的分布情况。所有的暂态

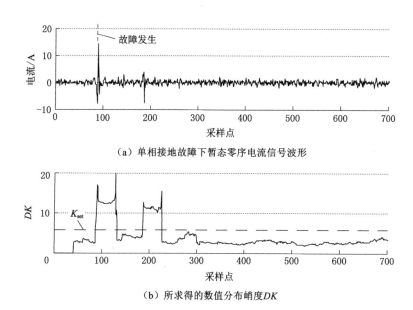

（a）单相接地故障下暂态零序电流信号波形

（b）所求得的数值分布峭度 *DK*

图 2-6　一段暂态零序电流信号及其数值分布峭度

零序电流均起始于馈线电容元件,经由接地故障点流向大地。对于健全线路首端,暂态零序电流从馈线流向母线,其方向与参考方向相反;对于故障线路首端,暂态零序电流从母线流向馈线,其方向与参考方向相同。因此,对于健全馈线与故障馈线,馈线首端所获取的暂态零序电流存在相反的极性。

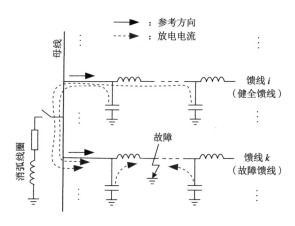

图 2-7　暂态零序电流在配电网中的分布

本章利用信号的数值分布偏度[47]表征暂态零序电流的极性特征。信号数值分布偏度的数学表达式如下：

$$Sk = \frac{1}{N} \sum_{j=1}^{N} \frac{x_j^3}{\sigma^3} \qquad (2\text{-}7)$$

式中　Sk——信号的数值分布偏度；

　　　x_j——信号样本中的第 j 个样本数据；

　　　N——参与计算的样本数据总数；

　　　σ——信号样本数据的标准差。

配电网某次单相接地故障下流经故障馈线首端与健全馈线首端的暂态零序电流信号的数值分布如图 2-8 所示。由于暂态零序电流在故障馈线与健全馈线上存在相反的极性，2 个暂态零序电流信号的数值分布也表现出相反的偏度特征。其中一个信号在数值为正的区域的分布是稀疏的，在数值为负的区域的分布是稠密的，如图 2-8（a）所示，于是所求得的数值分布偏度为正。而图 2-8（b）所示的另一个信号表现出相反的数值分布特征：在数值为正的区域分布稠密，在数值为负的区域分布稀疏，其数值分布偏度为负。这表明，流过故障馈线首端与健全馈线首端的暂态零序电流信号的数值分布偏度符号相反。因此，数值分布偏度的符号可以用来表征暂态零序电流信号的极性。

在算法运行过程中，当每个新的信号数据被获取后，即通过式（2-7）计算信号的数值分布偏度，并通过下式计算平均偏度值：

$$ASk = \frac{1}{M} \sum_{j=1}^{M} Sk_j \qquad (2\text{-}8)$$

式中　ASk——平均偏度值；

　　　Sk_j——故障起始时刻后所求得的第 j 个数值分布偏度值；

　　　M——计算窗长度，其取值为一个周期内数据样本总数的十分之一。

本章取暂态零序电流信号数据的平均偏度值 ASk 的符号作为判定故障所在馈线的指标。如果通过某条馈线首端暂态零序电流数据所求取的平均偏度值 ASk 的符号与其他所有同母线馈线相反，则判定该馈线为故障馈线。特别地，如果根据所有同母线馈线首端暂态零序电流数据所求得的平均偏度值 ASk 的符号均相同，则判定所有的馈线均为健全馈线，单相接地故障发生在母线上。

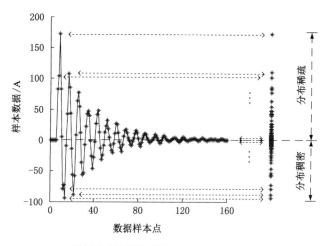

（a）流过故障馈线首端的暂态零序电流的数值分布

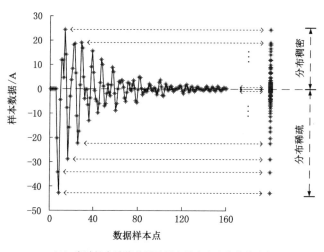

（b）流过健全馈线首端的暂态零序电流的数值分布

图 2-8　暂态零序电流信号的数值分布偏度特征

2.3　仿真验证与分析

为验证本章所提方法的有效性与可靠性,进行了大量的单相接地故障仿真测试。测试结果表明,所提方法能够可靠检测单相接地故障,并准确确定故障所在馈线,部分典型仿真如下。

在 MATLAB/SIMULINK 仿真平台上搭建了如图 2-9 所示的仿真系统。仿真系统包括一个等效电源、一台 20 MV·A、35/10.5 kV、Yd11 连接的变压器 T，一条母线，一个经接地变压器 Z 连接于母线的消弧线圈，以及四条配电馈线。配电馈线用 L1～L4 表示，其中 L1～L3 为架空线路，L4 为电缆线路。R1～R4 代表继电保护装置，对馈线信号进行实时监测，在仿真中通过数据采集与信号处理元件实现。系统仿真步长设置为 10^{-6} s，信号采样频率设为 6 kHz。此外，为更贴近现场实际情况，在所获取的零序电流信号中加入了信噪比为 30 dB 的白噪声。其他详细参数见表 2-1。在该仿真系统中对不同故障位置、不同故障时刻、不同过渡电阻的单相接地故障进行了仿真测试。

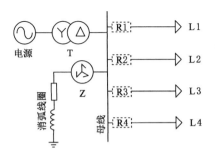

图 2-9　简化的中性点非有效接地配电网仿真系统

表 2-1　配电网仿真系统参数

系统参量	参数	系统参量	参数
系统频率	50 Hz	消弧线圈阻抗	32.5＋j324.71 Ω
L1～L3 的正序阻抗	0.45＋j0.37 Ω/km	L4 的正序阻抗	0.27＋j0.08 Ω/km
L1～L3 的零序阻抗	0.7＋j1.22 Ω/km	L4 的零序阻抗	2.7＋j0.32 Ω/km
L1～L3 的正序导纳	j19.15 μS/km	L4 的正序导纳	j106.45 μS/km
L1～L3 的零序导纳	j11.93 μS/km	L4 的零序导纳	j87.92 μS/km
L1～L4 的馈线长度	6 km,12 km, 16 km,6 km	L1,L2,L4 下游负荷功率	2 MV·A,1 MV·A, 4 MV·A
L3 下游负荷的三相功率	0.5 MV·A,0.5 MV·A, 0.55 MV·A	L1～L4 下游负荷功率因数	0.9,0.9,0.95,0.95

表 2-2 显示了具体的仿真测试结果。其中，在故障位置列，L1(3)代表单相接地故障发生在馈线 L1 上，且故障位置距离母线 3 km；L1(1)、L1(5)、L2(2)等与之类似。t_{fault} 为实际的故障发生时刻；t_{start} 为所提方法确定的故障起始时刻；

t_{U0} 为所测量的零序电压大于 U_{set} 的时刻。$t_{start}-t_{fault}$ 体现所提方法确定的故障起始时刻与实际故障发生时刻之间的差异，$t_{U0}-t_{fault}$ 体现零序电压越限时刻与实际故障发生时刻之间的差异。

表 2-2　单相接地故障仿真测试结果

故障位置	故障时刻 /ms	R_g /Ω	$t_{start}-t_{fault}$ /ms	$t_{U0}-t_{fault}$ /ms	L1～L4 所求得的 ASk	故障选线结果
L1(1)	80	1	0.16	1.66	(+2.2, -3.4, -1.6, -2.9)	L1
L1(3)	82.5	50	0.33	1.66	(+1.8, -2.5, -2.6, -2.0)	L1
L1(5)	85	500	0.33	8.16	(+2.9, -3.6, -1.3, -3.0)	L1
L2(2)	80.5	5	0.16	1.5	(-4.1, +2.4, -2.6, -2.4)	L2
L2(6)	83	300	0.16	3	(-1.9, +2.6, -2.4, -2.7)	L2
L2(10)	85.5	1 000	0.16	9.33	(-1.5, +3.0, -2.8, -2.7)	L2
L3(4)	81	10	0.5	1.5	(-2.5, -2.1, +2.3, -2.3)	L3
L3(8)	83.5	50	0.5	1.66	(-2.2, -2.7, +1.8, -1.8)	L3
L3(13)	88	800	0.16	7.16	(+4.5, +2.0, -3.5, +3.0)	L3
L4(0.5)	81.6	5	0.4	1.4	(-4.3, -2.1, -4.4, +3.1)	L4
L4(2.5)	84.2	20	0.33	1.46	(-2.1, -5.2, -3.1, +3.6)	L4
L4(4.5)	90	1 000	0.16	6.33	(+2.8, +1.9, +1.8, -1.9)	L4
母线	82	10	0.33	1.33	(+2.0, +1.5, +2.2, +1.4)	母线
母线	84.5	100	0.16	2.16	(+1.2, +2.0, +2.6, +1.7)	母线
母线	95	500	0.33	8.16	(-0.7, -1.4, -1.2, -0.6)	母线

从表中结果容易发现，尽管在单相接地故障发生后零序电压总是随之上升，并大于 U_{set}，但是零序电压越限时刻与实际故障发生时刻之间的差异较大。因此，零序电压越限时刻不能很好地反映实际故障发生时刻。所提方法确定的故障起始时刻与实际故障发生时刻之间的差异很小，这表明所提方法能够较好地反映实际故障发生时刻。此外，通过故障馈线上信号所求取的平均偏度值 ASk 的符号始终与其他所有同母线馈线相反，所提方法可准确确定故障所在馈线；对于母线故障，R1～R4 所求取的平均偏度值 ASk 的符号均相同，所提方法可准确识别母线故障。综上所述，所提方法能够可靠检测单相接地故障，并且准确确定故障馈线（或母线故障）。

2.4 现场录波数据测试

受国家电网公司科技项目"基于配电自动化系统的配电网单相接地故障定位技术研究与应用"资助,借助项目的示范工程,在湖南省大数据分析平台上,使用现场录波数据测试了所提方法的可行性。其中,现场录波数据来自现场实际单相接地故障,通过装设在馈线上的配电网在线监测终端捕获。如图 2-10 所示,配电网在线监测终端由三个采集单元和一个汇集单元构成。采集单元内部装设电流互感器采集馈线电流信号,另装设有分压电容采集馈线电场量;采集单元通过短距无线通信方式将所采集的信号数据传输至汇集单元,汇集单元则采用公网通信方式将数据上传到主站与远方数据中心。

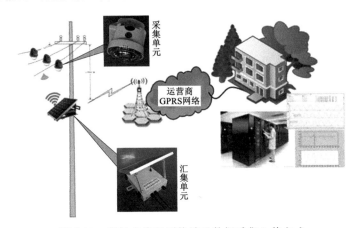

图 2-10 现场在线监测终端及数据采集上传方式

现场配电网在线监测终端采集了系列实际单相接地故障录波数据,下文取其中部分典型工况(如三相不平衡、间歇性电弧接地、强噪声干扰等)下的故障录波数据,对所提方法进行测试、分析与比较。本节中零序电流与电压通过三相录波数据合成;暂态零序电流通过 FIR 高通数字滤波器从零序电流数据中提取;电压量为配电网在线监测终端利用空间耦合电容分压原理,测量装置内部分压电容所承受电场量后,通过比例折算获得。

2.4.1 故障检测方法测试

本节通过图 2-11 所示的一组典型的故障录波数据测试传统的零序电压判据与本章所提故障检测方法。该组录波数据来自现场一次间歇性电弧接地故障,且该次故障前后存在三相电压不平衡与强噪声干扰。

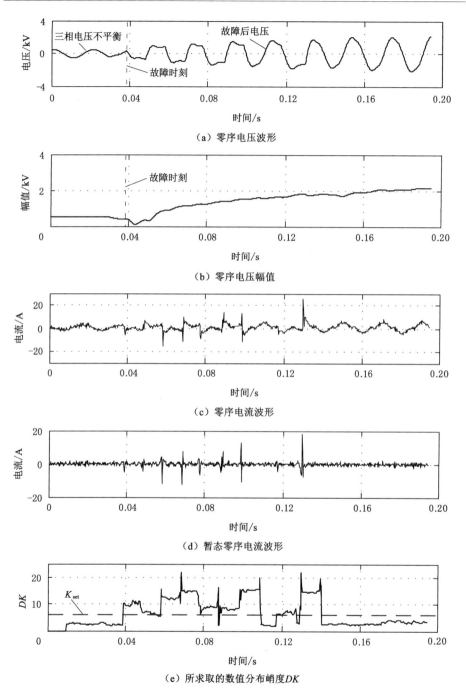

（a）零序电压波形

（b）零序电压幅值

（c）零序电流波形

（d）暂态零序电流波形

（e）所求取的数值分布峭度DK

图 2-11 基于一组现场录波信号的故障检测

(1) 三相不平衡影响分析

在实际工程中,恶劣的配电网线路走廊环境,或者线路绝缘的不同步恶化,都容易导致配电网产生三相电压不平衡。因此,有必要评估算法在馈线三相电压不平衡情况下是否有效。

图 2-11(a)显示了故障前后监测点零序电压的波形。理论上,单相接地故障发生前系统不存在零序电参量,零序电压应等于零。然而,受馈线三相电压不平衡影响,在故障发生前,馈线监测点处便存在较大的零序电压。图 2-11(b)显示了经傅里叶变换所求得的零序电压幅值,容易发现,故障前零序电压较大,可能导致传统的零序电压判据误动作。因此,传统的零序电压判据在馈线三相电压不平衡情况下可能失效。

图 2-11(c)和图 2-11(d)显示了零序电流录波信号和所提取的暂态零序电流信号。根据暂态零序电流信号,结合本章所提数值峭度计算公式,计算了暂态零序电流信号的数值分布峭度 DK 的变化,如图 2-11(e)所示。可以发现,所求取的 DK 的值在故障时刻之前明显小于阈值 K_{set};在故障发生时刻,DK 的值急剧上升,在故障时刻后的一段时间内恒大于阈值 K_{set}。这表明,暂态零序电流信号的数值分布峭度 DK 能够体现单相接地故障以及故障发生时刻。此外,所选取的暂态零序电流信号的数值分布峭度指标,不涉及电压量,不受三相电压不平衡影响。

(2) 间歇性电弧接地影响分析

根据现场运行经验,在中性点非有效接地配电网中间歇性电弧接地故障频繁发生,然而很多馈线保护装置难以有效检测此类故障。

图 2-11(a)所示的便是一次间歇性电弧接地故障的零序电压录波波形。从波形上可以看出,由于间歇性电弧接地故障的反复冲击,零序电压波形产生严重的波形畸变。每次瞬时电弧接地冲击均导致零序电压波形瞬时值的增大,而电弧熄灭后快速的绝缘恢复又导致零序电压波形瞬时值的衰减,循环往复,直到最后一次电弧冲击,故障最终演变为永久性的接地故障,零序电压波形才趋于呈现稳定的正弦形态。图 2-11(b)显示了整个过程中零序电压的幅值变化,容易发现:在多次间歇性电弧接地的冲击过程中,零序电压幅值上升缓慢;每次瞬时电弧接地冲击前后,零序电压幅值变化极小。因此,通过零序电压判据检测间歇性电弧接地故障的效率较低,难以准确确定接地故障时刻。

对于本章所提故障检测方法,所求取的特征量 DK 的值在故障时刻存在明显的跳变,这表明所提暂态零序电流信号的数值分布峭度能够反映间歇性电弧接地故障。如图 2-11(e)所示,数值分布峭度 DK 的值在 0.039 s 时刻存在跳变,且在 0.039 s 时刻后的一段时间内始终大于阈值 K_{set}。根据所提故障检测方法确定故障起始时刻为 0.039 s 时刻,与实际的故障时刻十分接近。这表明,所提故障检测方法能够可靠识别间歇性电弧接地故障,并准确确定故障起始时刻。

2.4.2　故障选线方法测试

为验证所提单相接地故障选线方法在实际工程中的有效性,本节利用一次现场实际单相接地故障下的录波数据对其进行测试。该次故障发生在一个包含三条馈线的中性点不接地配电网中,所有馈线均为架空线路,其中,馈线 3 为故障馈线,馈线 1 和馈线 2 为健全线路。

图 2-12~图 2-14 显示了各条馈线首端所测量的零序信号及其各项指标。

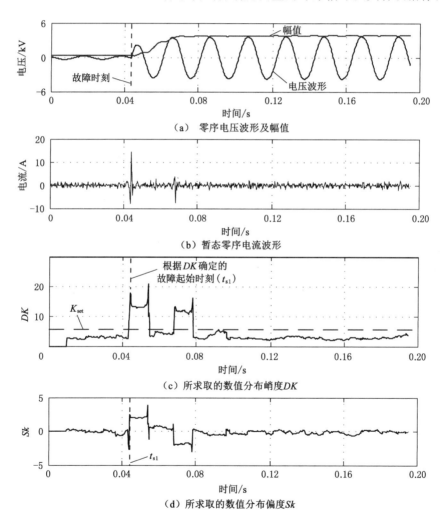

（a）零序电压波形及幅值

（b）暂态零序电流波形

（c）所求取的数值分布峭度DK

（d）所求取的数值分布偏度Sk

图 2-12　馈线 1 录波数据测试

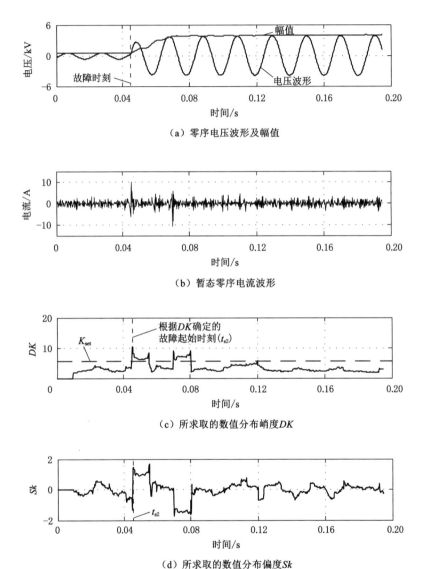

（a）零序电压波形及幅值

（b）暂态零序电流波形

（c）所求取的数值分布峭度DK

（d）所求取的数值分布偏度Sk

图 2-13　馈线 2 录波数据测试

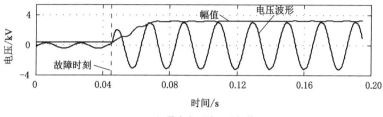

（a）零序电压波形及幅值

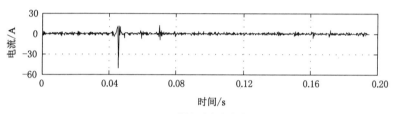

（b）暂态零序电流波形

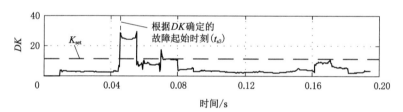

（c）所求取的数值分布峭度 DK

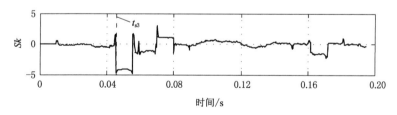

（d）所求取的数值分布偏度 Sk

图 2-14　馈线 3 录波数据测试

从零序电压波形与幅值变化图可以看出,故障发生后零序电压幅值上升缓慢;从暂态零序电流波形可以看出,暂态零序电流信号受到严重的噪声干扰。在实施所提方法后,所求取的电流信号数值分布峭度 DK 的值在故障时刻发生跳变,并大于阈值,可以有效确定故障起始时刻。利用故障起始时刻后数值分布偏度 Sk 的值,结合所提选线方法,计算出各条馈线上暂态零序电流信号的平均偏度值 ASk,如表 2-3 所示。其中,根据馈线 3 上暂态零序电流信号所求取的平均偏度值 ASk 的符号与其他馈线相反,据此判定馈线 3 为故障馈线。故障判定结果与实际故障一致,从而验证了所提单相接地故障选线方法能够有效处理实际故障录波数据,并准确确定故障所在馈线。

表 2-3   故障选线结果

馈线	所求取的 ASk	符号	馈线状态判定	结果
馈线 1	$+2.140\ 8$	$+$	健全	正确
馈线 2	$+1.234\ 4$	$+$	健全	正确
馈线 3	$-4.396\ 5$	$-$	故障	正确

2.5   本章小结

本章分析了配电网单相接地故障演化机理、故障暂态零序电流特性,以及暂态零序电流信号数值分布峭度与偏度特征。在此基础上,提出了一种基于峭度与偏度的单相接地故障检测与故障选线方法。其中,所提故障检测方法利用暂态零序电流信号数值分布峭度特征,结合传统的零序电压判据,实现单相接地故障检测,并可准确捕捉故障起始时刻;所提故障选线方法根据暂态零序电流在馈线上的分布规律,利用故障起始时刻后信号的数值分布偏度特征,构建故障选线判据,确定单相接地故障所在馈线。

最后,通过数字仿真测试与故障录波数据测试,验证了所提方法的有效性。在系统三相电压不平衡、间歇性电弧接地等情况下,所提方法均能可靠检测单相接地故障,优于传统的零序电压判据。此外,即使在电流信号受到较强噪声干扰的情况下,所提方法仍能准确实现故障选线。受益于上述优势,所提方法能够处理现场实际故障信号,便于其工程应用。

第3章　考虑设备极性反接的单相接地故障选线

3.1　概述

针对中性点经消弧线圈接地配电网单相接地故障选线问题,国内外专家学者展开了广泛且深入的研究,取得了一定的成效。但他们应用于实际的中性点经消弧线圈接地配电网(或称为谐振接地系统)的可靠性往往受到消弧线圈补偿特性干扰的敏感性、对高阻抗接地故障的无效性、对器件极性安装方向的强要求、对大而快的计算能力的要求、对附加器件辅助的要求等的影响,故障选线问题仍然十分棘手。

其中,配电网中可能存在的器件极性反向安装是一个值得关注的问题。一般地,将"设备极性反向安装"定义为"一组设备的安装方向与其预设方向不一致"。即假设系统有 n 条馈线,在 n 条馈线上安装 n 组设备,其中必有一个约束条件为设备的安装方向与设备预设方向一致。毋庸置疑,约束条件增加了安装和施工的复杂性。但是,现有的许多故障选线方法都是建立在这一约束条件上的,如基于行波的选线方法、基于极性的选线方法等。一套装置的极性一旦反装,就会造成瞬态零序电流与行波极性相反,信号相似度相反。这导致许多现有的方法失效。

如何在不受约束条件影响的情况下准确实现中性点经消弧线圈接地配电网单相接地故障选线问题,本章提出了一种不受器件极性反向安装影响的单相接地故障选线新方法。消弧线圈的补偿作用增加了单相接地故障检测的难度,这通常被认为是一个棘手的问题,但是所提方法基于消弧线圈的补偿特性,化劣势为优势,利用补偿特性建立故障馈线选择准则,使得即使在设备极性相反的安装条件下,也能可靠地识别出故障馈线,降低了安装和施工的复杂性,避免了因器件极性反向安装而导致馈线选择错误事件的发生。

3.2 配电网接地故障场景下的故障响应分析

3.2.1 故障信号特征参量选取

当配电网发生接地故障后,全系统的相电压对称性将被破坏,系统将产生零序分量。相对于不接地系统,当采取谐振接地系统时,其故障检测更为复杂。其原因在于,发生单相接地故障时,外部电网消弧线圈产生的感性零序电流,将对配电网内部网络及外部电网的容性电流进行补偿,进一步削弱故障特征。这无疑增加了故障检测的难度。

但是,从另一个角度看,这种补偿作用主要体现在故障线路上,且对频率较为敏感。于是,所述基于变化量差异的故障检测方法,并不囿于消弧线圈的不利因素,而是利用故障线路上不同频率域的补偿特性构成故障选线。不同频率域视角下的补偿特性如下。

消弧线圈零序电流与所补偿的电容之间呈现如式(3-1)所示关系:

$$\omega L = \frac{1}{\omega C} \tag{3-1}$$

式中　L——消弧线圈的电感值;

　　　C——所补偿的电容值;

　　　ω——角频率。

将 $\omega = 2\pi f$ 代入式(3-1),整理后得到:

$$C = \frac{1}{4\pi^2 f^2 L} \tag{3-2}$$

式中　f——频率。

由式(3-2)可知,故障下的补偿作用与频率的平方成反比。分别对基波($f = 50$ Hz)、二次谐波($f = 100$ Hz)、三次谐波($f = 150$ Hz)进行分析发现,其对二次谐波的补偿作用是其对基波补偿作用的四分之一,对三次谐波的补偿作用是其对基波补偿作用的九分之一,如图 3-1 所示。

对于整个电网系统,根据基尔霍夫电流定律,健全线路首端保护装置所测得的零序电流为该线路的电容电流;故障线路首端保护装置所测得的零序电流为消弧线圈补偿电流与所有健全线路电容电流之和,即:

$$\dot{I}_{01} = -\dot{I}_{0L} - \sum_{k,k \neq 1} \dot{I}_{0k}$$

$$= -\frac{\dot{U}_{F0}}{j\omega_s L_0} - \sum_{k,k\neq 1} j\omega_s C_{0k}\dot{U}_{F0}$$

$$= j\left(\frac{1}{\omega_s L_0} - \omega_s C_{0\Sigma}\right)\dot{U}_{F0} \tag{3-3}$$

式中，$C_{0\Sigma} = \sum\limits_{k,k\neq 1} C_{0k}$。

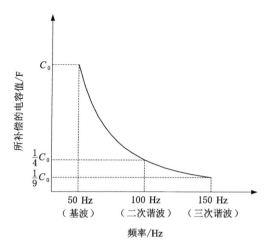

图 3-1　不同频率视角下的补偿作用示意图

　　因此，消弧线圈的上述补偿作用主要体现在故障线路上。通过消弧线圈的上述补偿特性可实现对故障线路的检测。

　　上述补偿特性体现在相对值上。而保护装置所测得的是各次谐波幅值的绝对值，而不是相对值。于是，根据式（3-3）对基波幅值 $X_1^{(k)}$、二次谐波幅值 $X_2^{(k)}$ 和三次谐波幅值 $X_3^{(k)}$ 进行归一化处理，得到归一化的数据序列 $\{Q_1^{(k)}, Q_2^{(k)}, Q_3^{(k)}\}$，如式（3-4）所示。

$$\begin{cases} Q_1^{(k)} = \dfrac{X_1^{(k)}}{\sum\limits_{c=1}^{P} X_1^{(c)}} \\[2ex] Q_2^{(k)} = \dfrac{X_2^{(k)}}{\sum\limits_{c=1}^{P} X_2^{(c)}} \quad , k = 1, 2, \cdots, P \\[2ex] Q_3^{(k)} = \dfrac{X_1^{(k)}}{\sum\limits_{c=1}^{P} X_3^{(c)}} \end{cases} \tag{3-4}$$

式中 $Q_1^{(k)}$——$X_1^{(k)}$ 占所有线路基波幅值之和的比例；

$\qquad Q_2^{(k)}$——$X_2^{(k)}$ 占所有线路二次谐波幅值之和的比例；

$\qquad Q_3^{(k)}$——$X_3^{(k)}$ 占所有线路三次谐波幅值之和的比例。

在此,对 $X_1^{(k)}$、$X_2^{(k)}$、$X_3^{(k)}$ 做以下简要说明：

基波幅值 $X_1^{(k)}$ 从采样数据序列 $\{I_{M+1}^{(k)}, I_{M+2}^{(k)}, \cdots, I_{M+N}^{(k)}\}$ 中提取。根据前述公式,从零序电流中滤除基波分量与衰减直流分量得到数据序列 $\{Y_1^{(k)}, Y_2^{(k)}, \cdots, Y_{1.5N}^{(k)}\}$ 后,再从该数据序列中提取信号的二次谐波幅值 $X_2^{(k)}$ 与三次谐波幅值 $X_3^{(k)}$。

3.2.2 多视角下的故障响应分析

(1) 基波视角下的响应分析

对于故障线路(记为线路 1),将式(3-1)~式(3-3)代入式(3-4),得到：

$$Q_1^{(1)} = \frac{\left| \dfrac{1}{\omega_s L_0} - \omega_s C_{0\Sigma} \right| U_{F0}}{\left| \dfrac{1}{\omega_s L_0} - \omega_s C_{0\Sigma} \right| U_{F0} + \omega_s C_{0\Sigma} U_{F0}} \tag{3-5}$$

进一步存在：

$$\begin{aligned} Q_1^{(1)} &= \frac{\left| (1+\alpha)\omega_s (C_{0\Sigma} + C_{01}) - \omega_s C_{0\Sigma} \right| U_{F0}}{\left| (1+\alpha)\omega_s (C_{0\Sigma} + C_{01}) - \omega_s C_{0\Sigma} \right| U_{F0} + \omega_s C_{0\Sigma} U_{F0}} \\ &= \frac{(1+\alpha)(C_{0\Sigma} + C_{01}) - C_{0\Sigma}}{(1+\alpha)(C_{0\Sigma} + C_{01}) - C_{0\Sigma} + C_{0\Sigma}} \\ &= 1 - \frac{C_{0\Sigma}}{(1+\alpha)(C_{0\Sigma} + C_{01})} \end{aligned} \tag{3-6}$$

对于健全线路(记为线路 2,3,4,…),可得：

$$Q_k^{(1)} = \frac{\omega_s C_{0k} U_{F0}}{\left| \dfrac{1}{\omega_s L_0} - \omega_s C_{0\Sigma} \right| U_{F0} + \omega_s C_{0\Sigma} U_{F0}}, k=2,3,\cdots \tag{3-7}$$

进一步展开,得到：

$$\begin{aligned} Q_k^{(1)} &= \frac{\omega_s C_{0k} U_{F0}}{\left| (1+\alpha)\omega_s (C_{0\Sigma} + C_{01}) - \omega_s C_{0\Sigma} \right| U_{F0} + \omega_s C_{0\Sigma} U_{F0}} \\ &= \frac{C_{0k}}{(1+\alpha)(C_{0\Sigma} + C_{01}) - C_{0\Sigma} + C_{0\Sigma}} \\ &= \frac{C_{0k}}{(1+\alpha)(C_{0\Sigma} + C_{01})} \end{aligned} \tag{3-8}$$

式中,$k=2,3,\cdots$。

（2）二次谐波视角下的响应分析

对于二次谐波，式（3-1）可改写为：

$$\frac{1}{2\omega_s L_0} = \frac{1+\alpha}{4} \times 2\omega_s(C_{0\Sigma} + C_{01}) \tag{3-9}$$

对于故障线路（线路 1），存在：

$$
\begin{aligned}
Q_1^{(2)} &= \frac{\left|\dfrac{1}{2\omega_s L_0} - 2\omega_s C_{0\Sigma}\right| U_{F0}}{\left|\dfrac{1}{2\omega_s L_0} - 2\omega_s C_{0\Sigma}\right| U_{F0} + 2\omega_s C_{0\Sigma} U_{F0}} \\[3mm]
&= \frac{\left|\dfrac{1+\alpha}{4} \times 2\omega_s(C_{0\Sigma} + C_{01}) - 2\omega_s C_{0\Sigma}\right| U_{F0}}{\left|\dfrac{1+\alpha}{4} \times 2\omega_s(C_{0\Sigma} + C_{01}) - 2\omega_s C_{0\Sigma}\right| U_{F0} + 2\omega_s C_{0\Sigma} U_{F0}} \\[3mm]
&= \frac{C_{0\Sigma} - \dfrac{1+\alpha}{4}(C_{0\Sigma} + C_{01})}{C_{0\Sigma} - \dfrac{1+\alpha}{4}(C_{0\Sigma} + C_{01}) + C_{0\Sigma}} \\[3mm]
&= 1 - \frac{4C_{0\Sigma}}{8C_{0\Sigma} - (1+\alpha)(C_{0\Sigma} + C_{01})}
\end{aligned}
\tag{3-10}
$$

对于健全线路（线路 2,3,4,…），存在：

$$
\begin{aligned}
Q_k^{(2)} &= \frac{2\omega_s C_{0k} U_{F0}}{\left|\dfrac{1}{2\omega_s L_0} - 2\omega_s C_{0\Sigma}\right| U_{F0} + 2\omega_s C_{0\Sigma} U_{F0}} \\[3mm]
&= \frac{2\omega_s C_{0k} U_{F0}}{\left|\dfrac{1+\alpha}{4} \times 2\omega_s(C_{0\Sigma} + C_{01}) - 2\omega_s C_{0\Sigma}\right| U_{F0} + 2\omega_s C_{0\Sigma} U_{F0}} \\[3mm]
&= \frac{C_{0k}}{C_{0\Sigma} - \dfrac{1+\alpha}{4} \times (C_{0\Sigma} + C_{01}) + C_{0\Sigma}} \\[3mm]
&= \frac{4C_{0k}}{8C_{0\Sigma} - (1+\alpha)(C_{0\Sigma} + C_{01})}
\end{aligned}
\tag{3-11}
$$

在此定义电流份额变化量（CCS）为：

$$\mathrm{CCS}_k = Q_k^{(2)} - Q_k^{(1)} \tag{3-12}$$

联立上面诸式，得到：

$$
\begin{aligned}
\mathrm{CCS}_1 &= Q_1^{(2)} - Q_1^{(1)} \\[2mm]
&= \frac{C_{0\Sigma}}{(1+\alpha)(C_{0\Sigma} + C_{01})} - \frac{4C_{0\Sigma}}{8C_{0\Sigma} - (1+\alpha)(C_{0\Sigma} + C_{01})}
\end{aligned}
\tag{3-13}
$$

$$\mathrm{CCS}_k = Q_k^{(2)} - Q_k^{(1)}$$

$$= \frac{4C_{0k}}{8C_{0\Sigma} - (1+\alpha)(C_{0\Sigma} + C_{01})} - \frac{C_{0k}}{(1+\alpha)(C_{0\Sigma} + C_{01})} \quad (3\text{-}14)$$

式中，$k = 2, 3, \cdots, n$。

令式(3-14)除以式(3-13)，得到：

$$\frac{\mathrm{CCS}_k}{\mathrm{CCS}_1} = -\frac{C_{0k}}{C_{0\Sigma}} \quad (3\text{-}15)$$

观察式(3-15)，容易发现 CCS_1 和 CCS_k 数值相反，并且 CCS_1 的绝对值远大于 CCS_k。其中 CCS_1 对应于故障线路，CCS_k 对应于健全线路。这是本节所提故障检测方法的基础原理。基于这个原理，可确定故障所在线路：若某条线路上所求得的 CCS 值最大，且与其他线路上所求得的 CCS 值相反，则该线路为故障线路。

所提检测原理具有以下优点与效果：① 所提原理仅需借助电流量构成保护，不需额外采集电压量，减少了保护装置的复杂性，有利于提高装置的可靠性。② 该方法利用了补偿特性，化弊为利，且故障检测正确率高，抗干扰能力强，即使在设备极性反向安装条件下仍然具有可靠确定故障位置的能力。

3.3　接地故障辨识步骤与实施方案

本节所述方法的故障检测流程如图 3-2 所示，故障检测步骤如下：

步骤 1　保护装置对线路进行实时监测；在接地故障发生后，对流经每条线路首端的零序电流信号进行采样，得到采样数据序列 $\{I_1^{(k)}, I_2^{(k)}, \cdots, I_{1.5N}^{(k)}\}$。其中，$k$ 为线路序号，N 为一个工频周期内的采样总次数。

步骤 2　从数据序列 $\{I_{M+1}^{(k)}, I_{M+2}^{(k)}, \cdots, I_{M+N}^{(k)}\}$ 中提取信号的基波分量信息与衰减直流分量信息，其中，$M = 0.5N$；所提取的基波分量信息包括基波幅值 $X_1^{(k)}$ 和基波相角 $\theta^{(k)}$，所提取的衰减直流分量信息包括初始衰减幅值 $D^{(k)}$ 和衰减时间常数 $\tau^{(k)}$。

步骤 3　从零序电流信号中滤除基波分量与衰减直流分量，得到数据序列 $\{Y_1^{(k)}, Y_2^{(k)}, \cdots, Y_{1.5N}^{(k)}\}$。

$$Y_j^{(k)} = I_j^{(k)} - X_1^{(k)} \cos\left[\frac{2\pi(j-M)}{N} + \theta^{(k)}\right] - D^{(k)} \mathrm{e}^{-\frac{0.02j}{\tau^{(k)}N}}, j = 1, 2, \cdots, 1.5N$$

$$(3\text{-}16)$$

步骤 4　从数据序列 $\{Y_1^{(k)}, Y_2^{(k)}, \cdots, Y_{1.5N}^{(k)}\}$ 中提取信号的二次谐波幅值 $X_2^{(k)}$ 与三次谐波幅值 $X_3^{(k)}$。

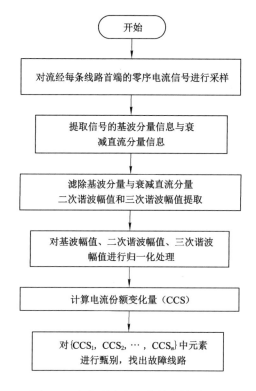

图 3-2　本节所述方法的故障检测流程

步骤 5　根据式(3-17)对基波幅值 $X_1^{(k)}$、二次谐波幅值 $X_2^{(k)}$ 和三次谐波幅值 $X_3^{(k)}$ 进行归一化处理,得到归一化处理后的数据序列 $\{Q_1^{(k)}, Q_2^{(k)}, Q_3^{(k)}\}$。

$$\begin{cases} Q_1^{(k)} = \dfrac{X_1^{(k)}}{\sum\limits_{c=1}^{P} X_1^{(c)}} \\[3mm] Q_2^{(k)} = \dfrac{X_2^{(k)}}{\sum\limits_{c=1}^{P} X_2^{(c)}}, k = 1, 2, \cdots, P \\[3mm] Q_3^{(k)} = \dfrac{X_1^{(k)}}{\sum\limits_{c=1}^{P} X_3^{(c)}} \end{cases} \tag{3-17}$$

式中　P——线路的总数目。

步骤 6　计算电流份额变化量(CCS),获得 $\{CCS_1, CCS_2, \cdots, CCS_n\}$。

步骤 7　对 $\{CCS_1, CCS_2, \cdots, CCS_n\}$ 中元素进行甄别,找出其中数值最大的

元素,将该元素的序号赋值给变量 w,最终判定第 w 条线路为单相接地故障所在线路。

3.4　仿真验证与可靠性分析

结合下文所述仿真案例对所述的配电网接地故障辨识与继电保护方法做进一步分析。

3.4.1　仿真测试

仿真系统被搭建在 MATLAB\SIMULINK 仿真平台上,系统频率为 50 Hz,每线上共接有 6 条线路(线路 1～线路 6),线路参数见表 3-1。消弧线圈经接地变压器对系统电容进行补偿,过补偿度可选择为 3％、5％或 10％。每条线路的负载为 1 MW,功率因数介于 0.91～0.96 之间。在线路首段装设三相电流互感器(current transformer,CT),通过计算三相数据得到零序数据。

表 3-1　线路参数

导线形式	线路阻抗/(Ω/km)		对地导纳/(μS/km)	
	正序	零序	正序	零序
架空电缆	0.45＋j0.37	0.7＋j1.22	j19.15	j11.93
	0.27＋j0.08	2.7＋j0.32	j106.45	j87.92

实施仿真后,对 CT 二次侧的电流信号进行采样,并将采样数据下载到软件程序中,以测试所提方法的有效性。部分仿真数据和结果被显示在图 3-3、表 3-2 和表 3-3 中。当线路发生接地故障时,故障线路上所求得的 CCS 值总是最大的,且与其他线路上所求得的 CCS 值相反。以上结果表明,该方法能够准确地确定故障所在线路。

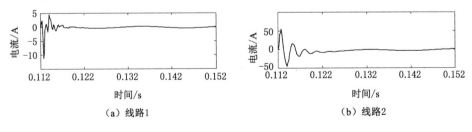

图 3-3　一次仿真测试的故障电流波形

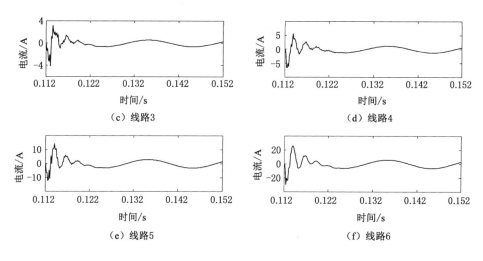

（c）线路3　　　　　　　　　　　　（d）线路4

（e）线路5　　　　　　　　　　　　（f）线路6

图 3-3　（续）

表 3-2　不同的故障情况

故障案例	故障线路	故障点与母线距离/km	故障时间/s	故障过渡电阻/Ω	过补偿度/%
案例 1	线路 1	1	0.106	1	3
案例 2	线路 3	4	0.118	100	5
案例 3	线路 5	0.5	0.108	100	10

表 3-3　仿真案例的测试结果

故障案例	求得的 CCS $\{CCS_1, CCS_2, \cdots, CCS_n\}$	故障线路（故障检测结果）
案例 1	$\{0.826\ 8, -0.068\ 5, -0.086\ 6, -0.259\ 8, -0.166\ 2, -0.245\ 7\}$	feeder1
案例 5	$\{-0.009\ 5, -0.038\ 1, 0.440\ 0, -0.159\ 0, -0.093\ 4, -0.140\ 0\}$	feeder3
案例 9	$\{-0.009\ 3, -0.036\ 3, -0.049\ 1, -0.152\ 5, 0.382\ 4, -0.135\ 2\}$	feeder5

3.4.2　配电网潮流反向测试

在有源配电网条件下,能量可能从线路末端流向线路首端,且在多分布式电源参与下,能量双向流动更加频繁[48]。因此,在此进行了潮流反向流动试验。使线路 3 末端连接分布式电源,并使分布式电源向电网供电,以产生反向潮流。在对上述仿真案例进行重新模拟后,得到了潮流反向测试结果,如表 3-4 所示。仿真结果表明,在潮流反向流动情况下,所述故障检测方法仍然有效。换言之,所述故障检测方法不受潮流反向影响。

表 3-4 考虑潮流反向流动情况的仿真测试结果

故障案例	求得的 CCS $\{CCS_1, CCS_2, \cdots, CCS_n\}$	故障线路（故障检测结果）	正确与否
案例 1	$\{0.826\ 8, -0.067\ 9, -0.086\ 2, -0.259\ 8, -0.166\ 7, -0.246\ 3\}$	线路 1	正确
案例 2	$\{-0.009\ 6, -0.037\ 9, 0.439\ 1, -0.159\ 0, -0.093\ 0, -0.139\ 6\}$	线路 3	正确
案例 3	$\{-0.009\ 4, -0.036\ 5, -0.048\ 6, -0.152\ 2, 0.381\ 2, -0.134\ 5\}$	线路 5	正确

3.4.3 配电网装置极性异常测试

所述故障检测方法的主要特点之一是其可靠性不受保护装置极性反向安装的影响。因此，在此将保护装置的极性进行反转模拟，以探讨所述方法的效能。如表 3-5 所示，六条线路上的六个 CT 的极性被重新设置。其中，"B to F"表示 CT 极性从母线指向线路，"F to B"表示 CT 极性从线路指向母线。

表 3-5 保护装置 CT 极性反向安装情况

	CT1	CT2	CT3	CT4	CT5	CT6
CT 极性方向	B to F	B to F	B to F	F to B	F to B	B to F

考虑保护装置极性反向安装情况的仿真测试结果如表 3-6 所示。

表 3-6 考虑保护装置极性反向安装情况的仿真测试结果

故障案例	求得的 CCS $\{CCS_1, CCS_2, \cdots, CCS_n\}$	故障线路（故障检测结果）	正确与否
案例 1	$\{0.826\ 8, -0.068\ 5, -0.086\ 6, -0.259\ 8, -0.166\ 2, -0.245\ 7\}$	线路 1	正确
案例 2	$\{-0.009\ 5, -0.038\ 1, 0.440\ 0, -0.159\ 0, -0.093\ 4, -0.140\ 0\}$	线路 3	正确
案例 3	$\{-0.009\ 3, -0.036\ 3, -0.049\ 1, -0.152\ 5, 0.382\ 4, -0.135\ 2\}$	线路 5	正确

从表 3-6 容易发现，对于所述故障检测方法，保护装置 CT 极性反向安装后，所求得的 CCS 值并没有显著变化，故障检测结果仍然准确。这表明，在保护装置极性未知或反向情况下，所述方法仍然具备有效性。其原因在于，所述方法主要基于电流份额变化量，而不受装置极性的影响。

3.4.4　实际录波数据测试

为了评估该方法在实际工程中的可靠性,使用现场实际录波数据进行了测试。这些数据取自一个真实的配电网系统,该系统包含四条线路(命名为 L1～L4)。当 L4 发生故障时,安装在四条线路上的保护装置同时以 4 kHz 的采样频率记录现场信号。所记录的零序电流信号如图 3-4 所示。这些故障录波数据被下载到故障检测算法中,获得的 CCS 值为{0.099 3,－0.201 7,－0.154 0,0.455 0}。其中,线路 L4 上所求得的 CCS 值最大,且与其他线路上所求得的 CCS 值相反。因此,判断 L4 为故障线路,判断结果正确。

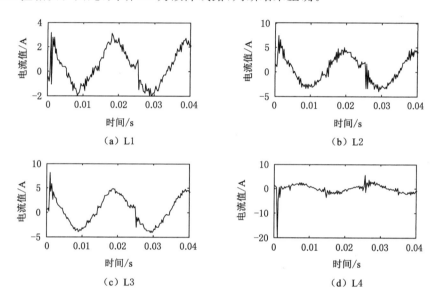

图 3-4　实际故障录波波形

3.5　本章小结

在考虑设备极性反接情况下,分析了配电网单相接地故障场景下的故障响应情况,在此基础上选取的故障信号特征参量可适应多视角下的故障响应分析需求;所提的单相接地故障辨识步骤与实施方案能够应对配电网潮流反向、配电网装置极性异常、工程实际信号干扰等多种工况场景。大量的仿真测试验证了所提保护方法在不同状况下均能够正确动作,具有较高的可靠性。

第4章 配电网单相接地故障区段定位及应用

针对中性点非有效接地配电网单相接地故障,在确定单相接地故障所在馈线后,为缩小故障排查范围,尽快排除故障,仍需通过故障定位方法,进一步确定故障所在位置。然而,目前便于实现的单相接地故障定位方案是,利用馈线上广泛分布的 FTU 获取故障信号[49],并上传至主站,主站对各区段边界 FTU 所上传的故障信号进行分析、比对,确定故障所在馈线区段。然而,馈线上的 FTU 装置可能来自不同生产厂家,产品型号多样,质量参差不齐,采样特性可能存在差异、启动时间也容易出现不同步,导致一些传统故障定位方法的准确率大幅降低或功能失效[50]。

为解决上述问题,本章提出了一种单相接地故障区段定位方法。以动态时间弯曲(DTW)距离算法作为信号特征辨识手段,在分析故障点上、下游零序故障电流信号差异,以及 DTW 距离算法误差耐受特性的基础上,提出了基于 DTW 距离的中性点非有效接地配电网单相接地故障区段定位方法,并详述了故障定位判据与故障搜索流程。最后,数字仿真测试结果验证了所提方法的正确性与有效性。相关研究成果已被应用于湖南省配电网单相接地故障定位示范工程。

4.1 基于 DTW 距离的信号差异性辨识与适应性分析

4.1.1 DTW 距离算法原理

DTW 距离算法通过动态规整原理[51],调整 2 个数据序列中不同时刻数据元素之间的对应关系,为此 2 个序列找到最佳的对应关系,使在该对应关系下的对应距离总和最小,这个最小距离便是 DTW 距离。

设有 2 个数据序列 $A = \{a_1, a_2, \cdots, a_m\}$ 和 $B = \{b_1, b_2, \cdots, b_n\}$,其中,$m$ 和 n 分别为此 2 个序列中元素的数量。DTW 算法可以调整两序列中各元素的对应

关系,如图 4-1 所示,虚线 p_k 表示 A 中 a_i 与 B 中 b_j 对应,简写为 $p_k=a_i \wedge b_j$,将序列中元素 a_i 和 b_j 的距离设为 $d(p_k)=d(a_i \wedge b_j)=|a_i-b_j|$。从图中可以看出,动态时间弯曲距离算法不仅允许两序列中元素呈"一对一"关系,还允许两序列中元素"一对多"或"多对一"。

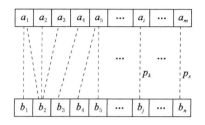

图 4-1　动态时间弯曲算法中元素对应关系示意图

图 4-1 中表示元素间对应关系的虚线共同组成 A 与 B 的对应关系集 P,有 $P=\{p_1,p_2,\cdots,p_k,\cdots,p_s\}$,$s$ 为 P 中元素的总数量。对 P 中元素做以下约束:

(1) $p_1=a_1 \wedge b_1$,$p_s=a_m \wedge b_n$;

(2) 对任意正整数 k,若有 $k<s$,且 $p_k=a_i \wedge b_j$,则 p_{k+1} 只能等于 $a_{i+1} \wedge b_j$、$a_i \wedge b_{j+1}$ 和 $a_{i+1} \wedge b_{j+1}$ 中的一个,即图 4-1 中代表元素对应关系的虚线紧密分布且互不交叉。

满足以上约束条件的对应关系集 P 不止一个,令 P 的所有可能性组成可能性空间 W。在 W 中存在一个最优的 P,使 $\sum\limits_{k=1}^{s} d(p_k)$ 最小。 序列 A 和 B 的 DTW 距离设为 DTW(A,B),则:

$$\text{DTW}(A,B)=\min_{W} \sum_{k=1}^{s} d(p_k) \tag{4-1}$$

对 DTW 距离做归一化处理,如式(4-2)所示。下文所提 DTW 距离均为归一化处理后的 DTW 距离。

$$D(A,B)=\frac{\text{DTW}(A,B)}{\sum\limits_{i=1}^{m}|a_i|+\sum\limits_{j=1}^{n}|b_j|} \tag{4-2}$$

从 DTW 算法的基本原理可知,求解 DTW(A,B) 是一个最优化问题。通过动态规划算法,计算出累积距离矩阵后便可快速求解 DTW(A,B),再根据式(4-2)便可得到 DTW 距离 $D(A,B)$,具体计算步骤如图 4-2 所示。其中,累积距离矩阵为 $[m \times n]$ 的二维矩阵,仅需通过加减运算便可求得,便于微处理器实现。

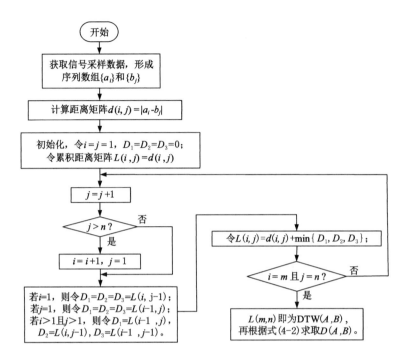

图 4-2 动态时间弯曲距离求解步骤

由馈线区段两侧 FTU 对电流采样后形成序列 A 和 B，再求取 A 和 B 的 DTW 距离。设定合理门槛值，便可通过 DTW 距离是否越限，对该区段是否发生故障进行辨识。为简单起见，下文只考虑不含分支线的区段。对于含分支线的区段，边界 FTU 的个数多于 2 个。

4.1.2 抗同步误差能力分析

对于配电网馈线，由于馈线区段长度较短，可不考虑线路电容与泄漏电流。当馈线某区段未发生故障时，流过该区段两侧 FTU 的电流为同一电流，差动保护不动作。但是，在未使用精准对时装置的情况下，各 FTU 通过电流突变量确定的启动时刻可能存在几个采样点的差异。此时，馈线区段两侧 FTU 启动时刻差异将导致数据不同步，容易造成电流差动保护误动作。DTW 距离算法具有良好的抗同步误差能力，在此类数据不同步情况下，所求得的 DTW 距离仍然较小，可避免此类数据不同步导致的保护误动作。

构造序列 $A_1 = \sin(100\pi t)$ 和 $B_1 = \sin(100\pi t + \alpha)$，其中 $t = [0.0005, 0.001, \cdots, 0.02]$ s。令此 2 序列的相位差 α 的取值在 $0 \sim \pi$ 范围内变化，求取它们的 DTW

距离 $D(A_1,B_1)$,以分析两正弦序列的相位差 α 对 DTW 距离的影响,结果如图 4-3(a)所示。可以看出,当 2 个序列的相位差 α 为 180° 时,所求得的 DTW 距离最大,设为 $\max_1$;若序列的相位差 α 小于 30°,它们的 DTW 距离将小于 $0.09\max_1$;两者之比为 0.09。

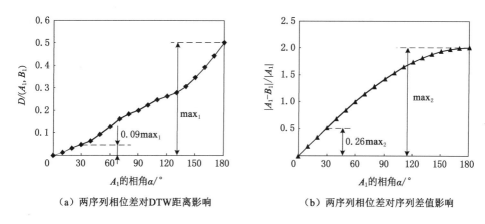

（a）两序列相位差对DTW距离影响　　　　（b）两序列相位差对序列差值影响

图 4-3　算法抗同步误差能力对比

此外,计算两正弦序列的相位差 α 对 $|A_1-B_1|/|A_1|$($|A_1-B_1|$、$|A_1|$ 分别表示 A_1-B_1 和 A_1 的幅值)的影响,以模拟电流数据同步误差对采样值差动保护的影响,结果如图 4-3(b)所示。可以看出,当序列的相位差 α 为 180° 时,所求得的 $|A_1-B_1|/|A_1|$ 最大,设为 $\max_2$;若两序列的相位差 α 小于 30°,所求得的 $|A_1-B_1|/|A_1|$ 将小于 $0.26\max_2$;两者之比为 0.26。上文 DTW 距离算法中所述的 0.09 显著小于此处的 0.26,这表明 DTW 距离算法的抗同步误差能力更强,可以在很大程度上减小馈线区段两侧 FTU 数据同步误差对差动保护的不利影响。

4.1.3　故障点上下游信号差异性分析

配电网某条馈线发生单相接地故障后,对于中性点不接地的配电系统,故障馈线上零序电流为故障点上游整个网络的对地电容电流。对于经消弧线圈补偿接地的配电网,受消弧线圈对电容电流的补偿作用影响,故障馈线上零序电流的稳态分量可能很小,方向也可能发生反向,不宜作为故障特征量。除稳态分量外,故障后瞬间,馈线零序电流中还存在特征丰富的暂态分量。馈线零序电流的暂态分量(本章称之为暂态零序电流)由单相接地故障暂态(过渡)过程中系统等效电感、电容间的谐振产生,主谐振频率一般保持在 $0.3\sim3$ kHz 的高频范围。

消弧线圈为补偿稳态零序电流而设计,在该高频范围内的补偿作用变得极小,于是在分析暂态零序电流时可忽略消弧线圈。综上,单相接地故障后暂态零序电流主要出现在故障后很短的时间内,包含丰富的故障信息,且几乎不受消弧线圈补偿作用影响,因此本章主要利用馈线暂态零序电流进行故障定位。

图 4-4 显示了中性点非有效接地配电网第 k 条馈线发生单相接地故障后的系统零序等值电路。图中,L_{0_1}、C_{0_1} 和 L_{0_n}、C_{0_n} 分别表示第 1 条和第 n 条馈线上的零序等效电感、零序等效电容;L_{0_k1}、C_{0_k1}、i_{0_1} 和 L_{0_k2}、C_{0_k2}、i_{0_2} 分别表示第 k 条馈线故障点上游和下游线路的零序等效电感、零序等效电容、暂态零序电流;u_{k0} 和 R_{f0} 分别表示故障点零序等效电压、等效过渡电阻。

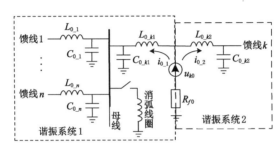

图 4-4　单相接地故障零序等值电路

单相接地故障后的暂态零序电流在本质上为系统中馈线对地电容的充放电电流,方向由故障点沿馈线流向线路对地电容。如图 4-4 所示,故障点上游、下游(上游和下游分别指在电气距离上靠近和远离集中式电源的一侧)可视为 2 个独立的谐振系统。事实上,此 2 个谐振系统存在着较大差异。故障点上游存在电源和庞大的供电网络,而故障点下游的系统规模相对较小,负荷也较少。故障点上游网络中供电线路总长度远大于下游,对地电容也远大于下游。这导致故障点上、下游 2 个谐振系统中的暂态零序电流在幅值、主谐振频率和衰减特性上存在很大差异。因此,故障点两侧 FTU 所检测到的暂态零序电流存在显著差异。图 4-5 显示了某次馈线单相接地故障时故障点上、下游暂态零序电流波形对比。从波形对比图中可以发现,两电流波形存在明显差异。以上是对故障区段的分析,对于健全区段,流过区段两侧的暂态零序电流几乎为同一电流,差异较小。

本章以 DTW 距离作为信号特征辨识参量,度量流过馈线区段两侧暂态零序电流的差异,并根据区段两侧暂态零序电流信号的 DTW 距离是否大于阈值,判定馈线区段运行状况,实现对单相接地故障的区段定位。

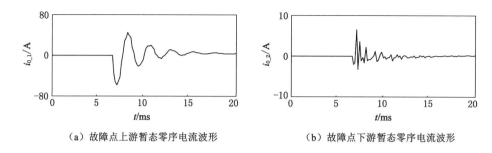

（a）故障点上游暂态零序电流波形　　　　　（b）故障点下游暂态零序电流波形

图 4-5　故障点两侧暂态零序电流波形对比

4.1.4　DTW 距离算法的适应性分析

本章所提故障定位方法利用馈线上广泛分布的 FTU 获取故障信号,并将其上传至主站,在主站内利用所提定位算法对各区段边界的故障信号进行分析、比对,根据所求得的 DTW 距离是否大于设定的阈值,确定故障所在馈线区段。

馈线上的 FTU 装置可能来自不同厂家,并且产品型号多样,质量参差不齐,各 FTU 的采样特性可能存在差异、启动时间也可能存在不同步,导致一些传统定位方法的定位准确率大幅降低。本章所提故障定位方法,借助误差耐受性强的 DTW 距离算法,通过对两信号局部采样数据进行扩展、拉伸,并利用动态规划,确定一种柔性最优模式匹配,可有效应对上述问题,具体分析如下。

FTU 启动不同步情况下,馈线健全区段两侧的信号数据将出现不同步。图 4-6 显示了启动不同步情况下馈线健全区段两侧信号波形的对应关系。一般而言,传统的信号比对方法往往令信号采样数据一一对应。如图 4-6(a)所示,在信号不同步时,如此的对应关系将导致两信号中每个数据点的对应关系均存在错位。所求得的信号差异性将显著变大,容易将馈线的健全区段误判为故障区段,导致故障定位错误或失败。本章所提方法可避免上述问题。具体地,本章所提方法借助 DTW 距离算法,"一对多"或"多对一"等对应方式,自动调整两信号数据的对应关系,并利用动态规划原理,寻找两信号波形的全局最优匹配。如图 4-6(b)所示,DTW 距离算法在信号不同步时,通过调整两信号中数据的对应关系,使大多数的信号数据一一对应。于是,本章所提方法求取的两个不同步信号的 DTW 距离仍然较小,不会导致对健全区段的误判。

故障情况下,各 FTU 同时与主站进行通信,容易造成通信阻塞,甚至导致个别信号中部分采样数据丢失。图 4-7 显示了健全馈线区段两侧中某一信号部分采样数据丢失情况下两信号波形的对应关系。如图 4-7(a)所示,当某信

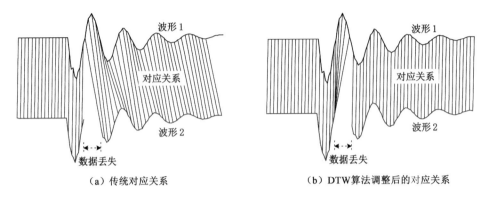

（a）传统对应关系　　　　（b）DTW算法调整后的对应关系

图 4-6　启动不同步情况下的信号对应关系

号出现部分数据丢失时，传统的信号比对方法使两信号采样数据一一对应，将导致数据丢失点之后的波形对应关系出现错位。在此情况下，所求得的信号差异性将会变大，同样容易将馈线健全区段误判为故障区段，进而导致故障定位错误或失败。DTW 距离算法可避免此类问题。如图 4-7（b）所示，当某信号出现部分数据丢失时，DTW 距离算法通过寻找全局最优匹配，自动地调整数据的对应关系。在数据丢失点附近，DTW 距离算法运用"一对多"的对应方法弥补部分数据丢失的不利影响，以便两信号波形在数据丢失点前、后依然呈现最佳的对应关系，不会导致数据丢失点之后的波形对应关系出现错位。因此，DTW 距离算法求取的两个信号的 DTW 距离仍然较小，不会将健全区段误判为故障区段。

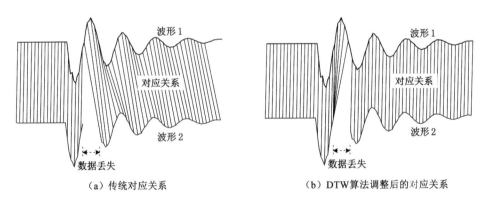

（a）传统对应关系　　　　（b）DTW算法调整后的对应关系

图 4-7　部分数据丢失情况下的信号对应关系

4.2　单相接地故障定位的实现方案

4.2.1　故障定位判据

（1）无分支馈线区段

对于如图 4-8（a）所示的无分支馈线区段，若单相接地故障发生在 f_2 处，流过 FTU_1 和 FTU_2 的零序电流均来自上游配电网络，因此，流过两 FTU 的暂态零序电流波形相似，其幅值与主谐振频率相近，可使用下文启动算法将同步误差控制在较小范围，所求取的 DTW 距离将比较小。不妨设 FTU_1 和 FTU_2 所上传的暂态零序电流采样值分别为 $f(FTU_1)$ 和 $f(FTU_2)$，设 $D_{TW}^*(f(FTU_1)$，$f(FTU_2))$ 为利用所提算法所求取的 DTW 距离；对于下文的相似表述可以此类推。当 f_2 处发生故障时，恒有 $D_{TW}^*(f(FTU_1), f(FTU_2)) < D_{TW}^{set}$。其中，阈值 D_{TW}^{set} 为经验值，本章设为 0.3～0.4。

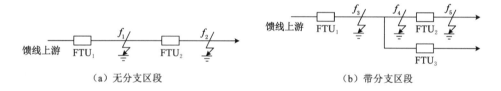

（a）无分支区段　　　　　　　　　（b）带分支区段

图 4-8　馈线区段结构

若单相接地故障发生在 f_1 处，上游线路电感和对地电容较大，零序电流暂态幅值较大，主谐振频率低；下游线路长度较短，零序电流暂态幅值也较小，且含有丰富的高频分量。因此，FTU_1 和 FTU_2 采集到的暂态零序电流信号在波形、主谐振频率、幅值和振荡衰减特性上差异显著，所求得的 DTW 距离将比较大，即 $D_{TW}^*(f(FTU_1), f(FTU_2)) > D_{TW}^{set}$。

综上，得出判据 1：对于无分支的馈线区段，若根据两侧 FTU 采集的暂态零序电流所求取的 DTW 距离大于 D_{TW}^{set}，则判定为馈线区段内故障；否则，判定为区段外故障。

（2）带分支馈线区段

配电网网络结构比较复杂，带分支的馈线广泛存在，取如图 4-8（b）所示馈线区段做简要分析。

若 f_3 或 f_4 处故障，流过 FTU_1 的零序电流依然是上游网络零序电流，而流过 FTU_2 和 FTU_3 的均为下游支路的零序电流，上、下游暂态零序电流在幅

值、主谐振频率和衰减特性上存在较大差异,必然有:

$$\begin{cases} D_{TW}^*(f(FTU_1), f(FTU_2)) > D_{TW}^{set} \\ D_{TW}^*(f(FTU_1), f(FTU_3)) > D_{TW}^{set} \end{cases} \quad (4\text{-}3)$$

若 f_5 处故障,流过 FTU_3 的仍然为下游支路零序电流,但流过 FTU_1 与 FTU_2 的均为其上游网络零序电流,相似性较大,存在:

$$\begin{cases} D_{TW}^*(f(FTU_1), f(FTU_2)) < D_{TW}^{set} \\ D_{TW}^*(f(FTU_1), f(FTU_3)) > D_{TW}^{set} \end{cases} \quad (4\text{-}4)$$

从而得到判据 2:对于带分支的馈线区段,需要分别计算区段上游 FTU 与下游各 FTU 零序暂态电流数据之间的 DTW 距离,采用"与"运算,若 DTW 距离均大于阈值,则判定故障发生在该区段;若其中一个 DTW 距离小于阈值,则判定故障未发生在该区段。特别地,若下游某 FTU 未上传故障信息,则可忽略该支路。

4.2.2 故障定位流程

(1) 启动时刻的测定

FTU 向主站上传暂态零序电流,然后根据所上传电流数据的 DTW 距离,确定故障所在区段。这要求所上传的电流为同一时刻的故障暂态零序电流,再考虑到 DTW 算法的耐受误差特性,至少应保证数据的同步误差小于 3 ms。如果 FTU 通过与主站通信对时的方式确定同步时间,误差一般在 10 ms 左右,不能满足故障定位要求;倘若通过 GPS 对时,虽然可显著提高同步精度,但为所有 FTU 装设 GPS 装置,硬件开销大,不够经济。

配电网发生单相接地故障后,产生的暂态零序电流最大可达线路稳态电容电流的十几到几十倍,且不受消弧线圈补偿作用影响。本章通过零序电流突变量启动算法确定各 FTU 上传数据段的起始时刻,启动判据为:

$$\Delta i_0(k) = |\, i_0(k) - 2i_0(k-N) + i_0(k-2N)\,| > \Delta i_{0set} \quad (4\text{-}5)$$

式中　$\Delta i_0(k)$——零序电流突变量;

　　$i_0(k)$——零序电流采样值;

　　N——一个工频周期的采样点数;

　　Δi_{0set}——所设定的阈值,由正常运行时的最大零序不平衡电流乘以可靠系数求得。

使用暂态零序电流突变量启动方法,不需要在站点与 FTU 之间进行精确对时,就能将各 FTU 间启动时刻的差异控制在几个采样点以内,可以满足本章故障定位要求。

(2) 故障搜索策略

健全馈线上部分馈线区段及故障点下游馈线区段的暂态零序电流幅值较小,易受系统其他暂态过程干扰,使两侧监测点检测到的暂态零序电流相似性变差,可能会导致所求取的 DTW 距离大于阈值,而将此类馈线区段误判为故障区段。主站定位模块的工作流程如图 4-9 所示,图中所提 FTU 均指已上传故障数据的 FTU。本章通过 FTU 与主站(或区域子站)的配合,利用故障搜索策略避开此类区段,具体步骤如下。

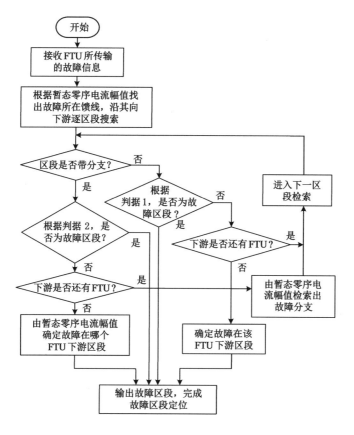

图 4-9　主站故障定位模块的工作流程

馈线上各 FTU 实时监测馈线信号,只有在满足暂态零序电流突变量启动判据后才向主站上传故障信息,以减少通信压力。所上传的故障信息为:故障前 5 ms 到故障后 15 ms 的暂态零序电流数据。

主站接收到多个 FTU 发来的故障信息后,开始区段定位算法。研究发现,故障线路的暂态零序测量电流远大于非故障线路,且不受消弧线圈影响。本章以暂态零序电流幅值比较的方法确定故障所在馈线,再沿馈线逐区段搜索故障。

根据区段类型的不同,选择相应的判据确定故障是否发生在当前区段。在线路分支处,仍以暂态零序电流比幅法确定搜索方向。搜索到最末端 FTU,若仍未确定故障区段,则判断故障在该 FTU 下游区段。

4.3　仿真验证与分析

4.3.1　故障定位仿真测试

在 MATLAB/SIMULINK 仿真平台上搭建如图 4-10 所示配电网模型。其中,馈线参数设为:正序阻抗 $Z_1 = 0.17 + j0.38\ \Omega/\text{km}$,正序对地电纳 $b_1 = 3.045\ \mu\text{S/km}$,零序阻抗 $Z_0 = 0.23 + j1.72\ \Omega/\text{km}$,零序对地电纳 $b_0 = 1.884\ \mu\text{S/km}$,$\text{load}_4$、$\text{load}_5$ 所在馈线线路长度设为 10 km,其他馈线区段的长度均设置为 2 km;可设置有、无消弧线圈补偿,采样频率设为 6 kHz。于系统不同位置设置单相接地故障进行大量仿真,所提方法均能准确确定故障区段。

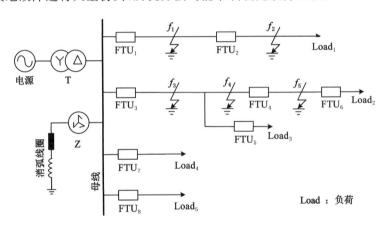

图 4-10　故障定位仿真系统模型

限于篇幅,仅给出中性点接过补偿度为 10% 的消弧线圈,故障初始角为 $60°$,过渡电阻为 10 Ω 时,f_1、f_2、$\cdots$、f_5 处发生 A 相接地故障的仿真结果。为方便表示,以 $D^*(m,n)$ 代替 $D_{\text{TW}}^*(f(\text{FTU}_m), f(\text{FTU}_n))$。

(1) f_1 点故障。流过 FTU$_1$ 的暂态零序测量电流大于同母线其他 FTU,判定故障发生在 FTU$_1$ 所在馈线;又有 $D^*(1,2) = 0.654\ 8 > D_{\text{TW}}^{\text{set}}$,判定故障发生在 FTU$_1$ 和 FTU$_2$ 之间的馈线区段。

(2) f_2 点故障。判定故障发生在 FTU$_1$ 所在馈线后,又根据 FTU$_1$ 和

FTU_2 的暂态零序电流数据，计算得到 $D^*(1,2)=0.084\ 7<D_{TW}^{set}$，据此判定在 FTU_1 和 FTU_2 之间的馈线区段未发生单相接地故障；此时 FTU_2 下游没有其他 FTU，判定故障发生在 FTU_2 下游。

（3）f_3 点故障。流过 FTU_3 的暂态零序电流幅值大于同母线其他 FTU，判断故障在 FTU_3 所在馈线；并且，根据 FTU_3、FTU_4 和 FTU_5 捕获的电流信号数据，存在 $\begin{cases} D^*(3,4)=0.710\ 4>D_{TW}^{set} \\ D^*(3,5)=0.666\ 5>D_{TW}^{set} \end{cases}$，判定故障发生在 FTU_3、FTU_4、FTU_5 之间的馈线区段。

（4）f_4 点故障。流过 FTU_3 的暂态零序电流幅值大于同母线其他 FTU，判断故障在 FTU_3 所在馈线，且求得 $\begin{cases} D^*(3,4)=0.683\ 1>D_{TW}^{set} \\ D^*(3,5)=0.649\ 9>D_{TW}^{set} \end{cases}$，判定故障发生在 FTU_3、FTU_4、FTU_5 之间的馈线区段。

（5）f_5 点故障。流过 FTU_3 的暂态零序电流幅值大于同母线其他 FTU，判断故障发生在 FTU_3 所在馈线，且存在 $\begin{cases} D^*(3,4)=0.132\ 2<D_{TW}^{set} \\ D^*(3,5)=0.692\ 6>D_{TW}^{set} \end{cases}$，以此判定 FTU_3、FTU_4、FTU_5 之间的馈线区段为健全区段；求得流过 FTU_4 的暂态零序电流大于流过 FTU_5 的，进一步确定故障在 FTU_4 下游区段；再根据 FTU_4 和 FTU_6 的暂态电流信号求得 $D^*(4,6)=0.7173>D_{TW}^{set}$，最终判定故障发生在 FTU_4 与 FTU_6 之间的馈线区段。

以上分析表明，本章所提故障定位方法能够准确找出单相接地故障所在馈线区段，即可实现故障区段定位。

4.3.2　误差耐受性测试与对比

为评估所提方法的误差耐受性，在 f_2 位置处发生单相接地故障时，人为地对 FTU_2 的启动时刻加以修改，使其相比关联 FTU（即 FTU_1）的启动时刻滞后一定时间。此处以采样点作为时间参考，分别设置 FTU_2 所上传故障数据滞后于 FTU_1 所上传故障数据 0～10 个采样点。然后，根据 FTU_1 和 FTU_2 所上传的不同步信号数据计算 DTW 距离，结果如图 4-11（a）所示。容易发现，所求取的 DTW 距离始终小于阈值，所提方法将 FTU_1 和 FTU_2 之间的馈线区段判定为健全区段，与预设故障情况相符。因此，所提基于 DTW 距离的故障区段定位算法，在 FTU 存在一定的启动不同步情况下，依然具有可靠性。

作为对比，在同样的故障条件及 FTU 启动不同步状况下，计算流过 FTU_1 与 FTU_2 的暂态零序电流数据的相关系数，结果如图 4-11（b）所示。从图中可以看出,随着两 FTU 启动不同步程度的增大,所求得的相关系数先减小后增大;并且,在 FTU_1 与 FTU_2 存在 $4\sim8$ 个采样点的同步差异情况下,所求得的相关系数小于预设的阈值。这表明,在 FTU 存在启动不同步的情况下,基于相关系数的定位算法存在一定的误判风险。

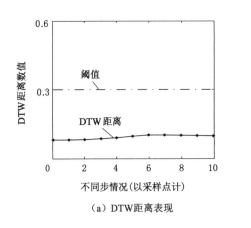 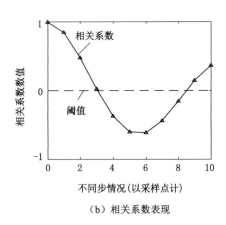

（a）DTW距离表现　　　　　　　（b）相关系数表现

图 4-11　数据不同步情况下的 DTW 距离与相关系数

4.4　RTDS 建模测试与工程应用

4.4.1　RTDS 建模测试

受国家电网公司科技项目资助,在湖南电科院 RTDS(real time digital simulator,实时数字模拟)实验室,建立了基于 RTDS 系统的配电网单相接地故障仿真模型,并进行了仿真测试,进一步验证了所提故障区段定位方法的有效性。RTDS 系统的硬件设备如图 4-12 所示。

如图 4-13 所示,基于 RTDS 系统的配电网单相接地故障仿真建模主要包括以下内容:

（1）馈线类型(架空线路,电缆线路)的选择、馈线模型的选取(采用分布参数模型)、馈线参数的设置。

（2）主电源、主变压器、接地变压器、馈线下游配电变压器、负荷模型等的选取与参数设置。

（3）搭建消弧线圈模型,故障模型与故障控制单元,断路器模型与断路器控制单元,电流互感器模型与电流信号采集、合成、输入输出模块及其控制单元。

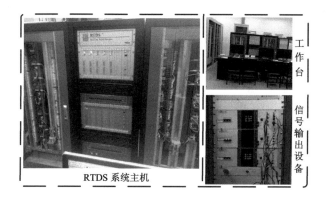

图 4-12　RTDS 系统硬件设备

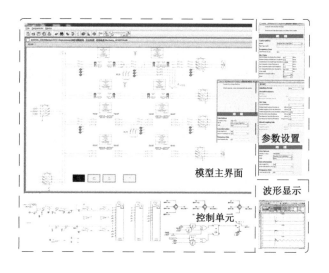

图 4-13　基于 RTDS 系统的仿真模型

　　利用所搭建的基于 RTDS 的配电网单相接地故障数模仿真系统，产生单相接地故障信号，并通过信号调理模块将故障信号无损输出、比例放大，以测试保护装置的信号采集准确性与动作可靠性，具体测试流程如图 4-14 所示。如今，该仿真测试系统已被用于湖南地区配电网在线监测终端的测试工程。

　　此外，基于 RTDS 系统的配电网单相接地故障仿真结果与上文仿真结果类似，此处不再赘述。

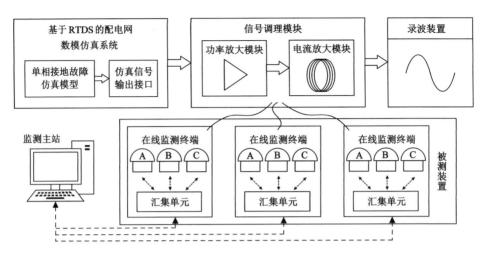

图 4-14 基于 RTDS 系统的保护装置测试流程

4.4.2 故障定位示范工程

为将相关研究成果应用于实际工程,协助国网湖南省电力有限公司在长沙、湘潭、娄底等地建设了基于配电自动化系统的配电网单相接地故障定位示范工程。示范工程可实现馈线负荷监测、故障检测、故障选线与故障定位等。

示范工程在部分单相接地故障频发的馈线上,安装了 220 余台配电网在线监测终端,用于协助配电自动化系统主站实现单相接地故障区段定位,如图 4-15 所示。具体故障定位流程包括:配电网在线监测终端实时监测单相接地故障,录制故障录波文件,然后将录波信号上传至配电自动化系统主站,主站根据故障信息进行综合研判,利用基于 DTW 距离的波形比对方法和故障区段定位方法,快速捕捉单相接地故障所在馈线区段。

图 4-15 基于配电自动化系统的单相接地故障定位

4.5　本章小结

本章提出了一种应用于中性点非有效接地配电网的基于 DTW 距离的单相接地故障区段定位方法。考虑到中性点非有效接地系统发生单相接地故障时稳态零序电流微弱、消弧线圈可能造成稳态电流反向等问题，利用故障点两侧暂态零序电流波形差异显著的特点实施故障区段定位。暂态零序电流数值较大，受消弧线圈补偿作用影响很小，有利于单相接地故障定位，应用效果较好。并且，提出了与 DTW 判据相匹配的故障搜索策略，不仅能提高故障定位速度，也可避免对健全馈线区段的误判。

针对馈线区段边界 FTU 启动不同步的问题，本章利用 DTW 距离算法的误差耐受性强的特点，通过对信号局部采样数据进行扩展、拉伸，使两信号确定一种柔性最优模式匹配。即使各 FTU 的启动时刻存在一定差异，也不影响故障定位的准确性。因此，算法鲁棒性强，适用于实际配电网馈线上 FTU 产品型号多样、质量参差不齐的应用场景。

数字仿真测试验证了所提方法的有效性；与相关系数法的对比仿真测试验证了所提方法在误差耐受性方面的优势。所提方法不需要获取电压信息，可适用于未安装电压互感器的馈线；数据传输量不大，且不需严格同步传输，对通信通道要求不高，便于其工程应用。所提方法已被应用于配电网单相接地故障定位示范工程。

第5章 基于故障旁路特征的
电弧接地故障检测

据国家消防救援局公布的历年火灾统计数据显示,电气火灾发生数量长期占据各类火灾之首,且发生频次连年上涨,成为引发较大火灾(3～10人死亡,或10～50人重伤,或1千万～5千万元直接财产损失)的主要原因。防范电气火灾、保障供电安全也随之成为工矿供配电系统面临的重要课题。

接地故障是供配电系统中最常见的一类故障,其中尤以电弧接地的故障性热能释放最大,电弧温度最高可达5 500 ℃,极易引发电气火灾。近年来,为应对故障过电压及故障选线不灵敏等问题,许多大型工矿供配电系统及一些沿海大中型城市的配电网逐渐采用中性点经小电阻、小电抗等有效接地运行方式,由于无消弧线圈,电弧能量得不到抑制,电气火灾风险更为突出[52]。而电弧接地故障属于高阻故障,故障回路阻抗很大,导致故障电流幅值不显著,甚至小于负荷电流幅值,不易被直接检测,长期存在于系统对电网稳定运行危害极大。

目前已有的电弧故障检测方案主要包括两大类。其一是根据电弧发生时的物理特征,如弧光、弧声、温度等,采用传感器展开检测。郑鑫等[53]提出了通过检测电弧故障发生时其发出的弧光及烟雾的亮度值是否达到设定值从而进行判断,但因为检测器件设置以及电弧发生的随机性等问题,往往导致这类检测方法受限且效率较低。另一类方法主要是通过电弧故障电压电流信号的时频域分析进行故障检测。韦明杰等[54]提出了针对电弧故障发生时,利用电弧零序电流谐波幅值能量和小波分析后的信号波畸变程度分别与设定阈值进行对比判定。Hyun等[55]提出了利用电弧故障零序电流波形畸变这一原理,通过高斯分布对其拟合,用采样零序电流一个故障周期内的峰值减去拟合结果得到过剩峰度值与设定阈值进行比较。蔺华等[56]通过利用快速傅里叶变换得到的电弧故障基频电流正弦波与采样信号计算加权欧氏距离,借助加权欧氏距离与阈值的比较区分故障类型。刘艳丽等[57]通过利用电弧故障电流多特征融合判断建立数据库,通过数据库与实测数据进行对比判断故障类型。

现有的方法主要依据故障线路的系列特征实施电弧故障检测,往往忽略了故障网络中非故障的健全线路中的故障特征。但是,故障线路特征在一些特殊场景中又并不总是显著的。例如,工程中常用的故障线路零序电流"零休"特征在电弧耗散功率较小时并不明显,零休期很短,导致很多现有方法的检测效力大打折扣。本章将故障网络中非故障的健全线路定义为故障旁路。此时故障旁路特征依然较为丰富,仍可作为故障辨识依据。基于此,本章并不是继续围绕故障线路进行探究,而是另辟蹊径,从故障旁路信号特征出发,提出了一种基于故障旁路零序电流梯度积与相关系数的中性点有效接地的电网电弧故障检测方法,可有效实现常规场景以及零休期很短的特殊场景下的电弧故障辨识。

5.1　电弧接地故障特性分析

5.1.1　故障线路零序电流零休时长

电弧故障发生后,故障线路的零序电流波形在过零处有着明显的"停滞"现象,这一特殊的波形特征段被称为电弧的"零休期",其长度对应于零休时长。而零休时长的大小则与电弧的数学模型中的耗散功率有关。

以 Mayr 模型为例,电弧的数学模型可表示为:

$$\frac{1}{g}\frac{\mathrm{d}g}{\mathrm{d}t} = \frac{\mathrm{d}\ln g}{\mathrm{d}t} = \frac{1}{\tau}\left(\frac{U_\mathrm{a} \times I_\mathrm{a}}{P_\mathrm{s}} - 1\right) \tag{5-1}$$

式中　g——电弧电导;

　　　τ——电弧模型的时间常数;

　　　U_a——电弧电压;

　　　I_a——电弧电流;

　　　P_s——电弧的耗散功率。

当电弧的输入功率 P 大于耗散功率 P_s 时,即 $U_\mathrm{a}I_\mathrm{a} > P_\mathrm{s}$ 时,电弧剧烈燃烧,表现为电弧的动特性;当输入功率 P 等于耗散功率 P_s 时,电弧稳定燃烧,表现为电弧的静特性。当输入功率 P 小于耗散功率 P_s 时,电弧输入能量不足以维持电弧燃烧,电弧熄灭。假设输入功率一定,其他参数参照文献[58]进行设置,仅改变电弧耗散功率,得到不同的故障线路零序电流波形,如图 5-1 所示。

从图中可以发现,当减小耗散功率时,电弧故障下零序电流波形的"零休期"明显变短,对应为电弧过零时熄灭时间变短,零休时长缩短。

在现实中,这种零休时长较短的情况往往发生于中压系统中高阻接地的情况,当电弧弧长较短时,往往会导致电弧耗散功率较小,从而导致零休时长较短

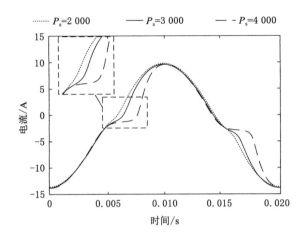

图 5-1　不同的故障线路零序电流波形

的情况发生。在零休时长很短的情况下,故障线路零序电流波形将非常接近于正弦波形,故障特征变得很不显著,难以被有效提取,现有的基于电弧故障"零休期"的检测方法的准确性将大幅降低,甚至失效。

　　如图 5-2 所示,此时图 5-2(a)中采集到的电弧故障零序电流信号中,其特征"零休期"已十分短暂,且与图 5-2(b)中采集到的系统非故障状态下由于三相绝缘不对称等原因产生的零序电流信号波形也极为相似,而继续针对"零休"这一故障特征进行检测则可能会发生判定错误,难以辨别电弧故障与非故障状态。为了增强故障辨识可靠性,本章通过故障旁路零序信号进行辨识。

5.1.2　故障场景中故障旁路电流特性分析

　　图 5-3 为某配电网单相电弧接地故障的简化示意图。其中 u_{ac} 为电弧接地故障点对地的电弧电压。单相电弧接地故障可等效为故障前相电压的抵消与电弧电压之和。

　　图 5-4 中 u_{φ} 为故障点在故障前的相电压。根据故障分量法和叠加定理,故障后电网可等效为故障前电网和故障附加网络的叠加。故障分量等于故障后的电气量减去故障前的电气量。因此,故障附加网络中的电源处电压经(故障前、后)相减之后变为零,故障点处故障相的相电压故障分量经相减后变为 Δu,如下式所示:

$$\Delta u = u_{ac} - u_{\varphi} \tag{5-2}$$

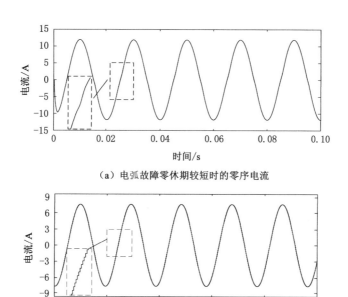

（a）电弧故障零休期较短时的零序电流

（b）非故障状态的零序电流

图 5-2　零序电流波形对比

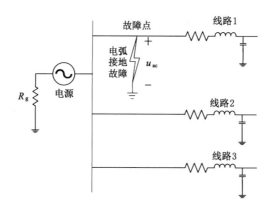

图 5-3　单相电弧接地故障简化示意图

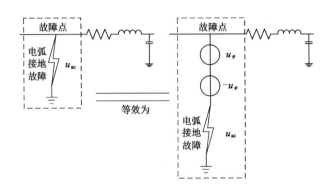

图 5-4　电弧接地故障等效图

其中,电弧电压 u_{ac} 的时域表达式为:

$$u_{ac} = (U_{T0} + rI)\left[L_0 - \frac{D}{2}(1 + \sin \omega_s t)\right] \tag{5-3}$$

式中　U_{T0}——电弧电压梯度;

　　　r——电弧电阻;

　　　I——电弧电流;

　　　L_0——参考弧长;

　　　D——交流电弧弧长最大变化值;

　　　ω_s——信号角频率。

故障点在故障前的相电压 u_φ 为:

$$u_\varphi = U_M \sin \omega t \tag{5-4}$$

式中　U_M——系统正常运行时的电压最大值;

　　　ω——工频状态下的角频率。

由于故障点处非故障相的相电压故障分量经相减后变为 0。此时,结合故障点处各相电压,可求得故障点处零序电压 u_0 为:

$$u_0 = \frac{1}{3}(\Delta u + 0 + 0) = \frac{\Delta u}{3} \tag{5-5}$$

据此绘出零序简化网络如图 5-5 所示。图中,C_1、C_2、C_3 为线路相对地零序电容;C_f 代表故障线路相对地零序电容;$3R_g$ 为中性点接地电阻;线路阻抗远小于线路对地容抗,已忽略线路阻抗。

于是,对于故障旁路(即故障网络中非故障的健全线路),它的零序电流可表示为:

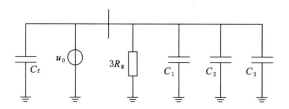

图 5-5　零序简化网络

$$\dot{I}''_n = C_n \frac{\mathrm{d}\dfrac{\Delta u}{3}}{\mathrm{d}t} = C_n \frac{\mathrm{d}\dfrac{(u_{\mathrm{ac}} - u_\varphi)}{3}}{\mathrm{d}t}$$

$$= \frac{1}{3} C_n \left(\frac{\mathrm{d}u_{\mathrm{ac}}}{\mathrm{d}t} - \omega U_\mathrm{M} \cos \omega t \right) \tag{5-6}$$

由式(5-6)可知,故障旁路零序电流与电网零序电压存在微商关系。通过实验得到一组电弧故障电压信号与故障旁路零序电流信号,如图 5-6 所示。

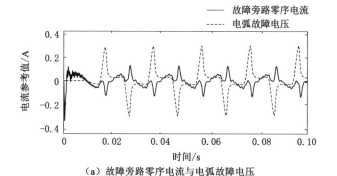

（a）故障旁路零序电流与电弧故障电压

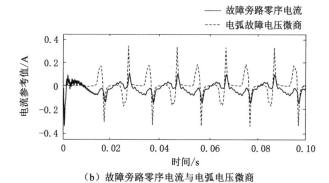

（b）故障旁路零序电流与电弧电压微商

图 5-6　故障旁路零序电流与电弧电压对比

从图 5-6(a)中可以看出,故障旁路零序电流波形在波峰、波谷处有着明显的畸变。并且,波形畸变恰好对应电弧故障电压的"鞍部"。从图 5-6(b)中也可以看出,电弧故障电压微商波形与故障旁路零序电流波形在特定区段有明显的相似性。这些均从侧面佐证了,电弧故障电压通过式(5-6)将电弧故障特征传递到了故障旁路零序电流波形中。

上述的相关性关系与微商关系表明,受益于电网零序电压的传递作用,故障旁路零序电流中已含有故障特征,可通过故障旁路零序电流中的故障特征进行电弧故障辨识。

5.2　故障辨识原理与思路

5.2.1　梯度

依据上节所述电弧故障网络中故障旁路零序电流信号在波峰、波谷处存在剧烈振荡与畸变这一特殊性(图 5-7),可通过设置一项指标——梯度积,对这些振荡畸变区段进行检测。

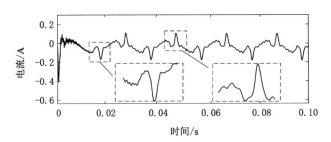

图 5-7　故障旁路零序电流波形

梯度积可衡量某一函数在某一点或某一段的方向导数的增长方向、增长速率及变换速率。其数学表达式为:

$$\begin{cases} L_k = z_k - z_{k-bc} \\ R_k = z_{k+bc} - z_k \\ d_k = -1 \times L_k \times R_k \end{cases} \tag{5-7}$$

式中　bc——设定步长;

　　　L_k 和 R_k——第 k 个数据的左梯度和右梯度;

　　　d_k——第 k 个数据的梯度积。

电弧接地故障波形在波峰、波谷处存在振荡畸变区段,梯度积相对很大;其他平缓区段的梯度积相对很小。而非故障状态下的零序电流波形呈现正弦状态,不存在振荡畸变特征,在波峰、波谷处及其他波形区段,波形变化均呈现正弦连续变化,梯度积始终较小。

5.2.2　相关系数

由于电弧故障特征的传递作用,故障旁路零序电流波形与正弦曲线在波峰、波谷处存在较大差异,如图 5-8(a)所示。而非故障状态下零序电流波形则与正弦曲线较为吻合,如图 5-8(b)所示。针对这一差异,可采用相关系数对电弧故障做进一步辨识。

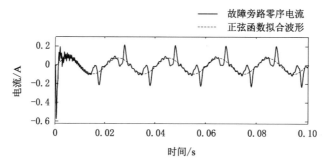

（a）故障旁路零序电流及正弦拟合

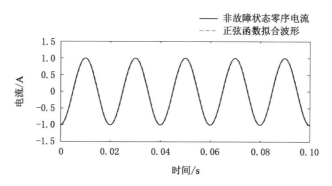

（b）非故障状态零序电流及正弦拟合

图 5-8　零序电流拟合图

相关系数计算公式如式(5-8)所示,可表征两信号变量之间的相关性密切程度。

$$g_{X,Y} = \frac{\mathrm{cov}(X,Y)}{\sigma X \sigma Y} = \frac{\boldsymbol{E}(XY) - \boldsymbol{E}(X)\boldsymbol{E}(Y)}{\sqrt{\boldsymbol{E}(X^2) - \boldsymbol{E}^2(X)}\sqrt{\boldsymbol{E}(Y^2) - \boldsymbol{E}^2(Y)}} \tag{5-8}$$

式中　cov——两信号变量的协方差矩阵；

　　　σ——变量的标准差；

　　　E——矩阵。

相关系数的取值范围为$[-1,1]$，其值越接近 1，表明两信号变量越呈现正相关，信号越相似。其值越接近-1，表明两信号变量越呈现负相关。

在这里，结合式(5-6)的启示，参与相关分析的正弦曲线可通过对母线零序电压信号进行拟合和移相获得。具体地，对母线零序电压信号进行拟合，消除电弧畸变干扰；然后，对拟合结果(得到的正弦公式)进行求导，实际算法中通过对拟合结果公式进行移相 90°实现。

5.2.3　方法流程

基于故障旁路特征的电网电弧接地故障辨识流程如图 5-9 所示。

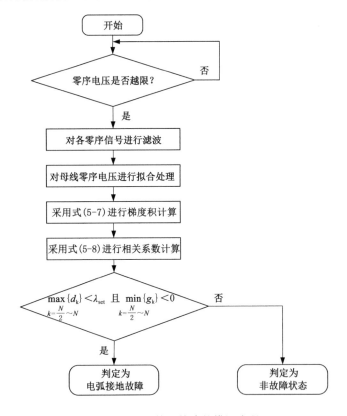

图 5-9　电弧接地故障的辨识流程

其中,故障辨识依据如下。

判断梯度积数组和相关系数数组是否同时满足下式:

$$\max_{k=\frac{N}{2}\sim N}\{d_k\}<\lambda_{\text{set}}\ \text{且}\ \min_{k=\frac{N}{2}\sim N}\{g_k\}>0 \tag{5-9}$$

式中　d_k 和 g_k——求得的梯度积和相关系数;

　　　λ_{set}——阈值,取值为 0.2;

　　　N——总采样次数;$k=1,2,\cdots,N$。

若满足上式,则将该故障判定为非故障状态,否则判定为电弧接地故障。

5.3　故障测试与验证分析

5.3.1　仿真测试与验证

为验证所提方法的有效性,在 SIMULINK 中搭建如图 5-10 所示仿真模型进行测试。

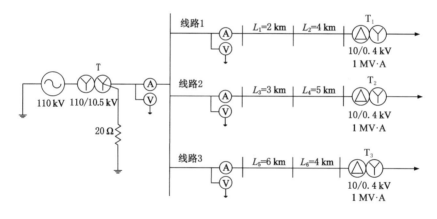

图 5-10　电网仿真模型

所搭建的仿真系统为 10 kV 中性点经电阻接地配电网,系统频率为 50 Hz;包含三条线路,线路 1~3 长度分别为 6 km、8 km、10 km;电弧故障模型采用 Mayr 电弧模型;以参考零时刻(0 s)开始设置故障,信号采样频率设为 6 000 Hz;分别设置电弧接地故障和非故障状态进行仿真测试。

(1)电弧接地故障

设置电弧接地故障,电弧模型具体参数设为:电弧时间常数 τ 设置为 0.6×10^{-5} s,电弧耗散功率 Ploss 设置为 2×10^3 W,电弧初始电导 $g(0)$ 设置为 $1\times$

10^4 S。采集故障旁路零序电流,并绘制电压拟合正弦曲线、梯度积、相关系数曲线,结果如图 5-11 所示。

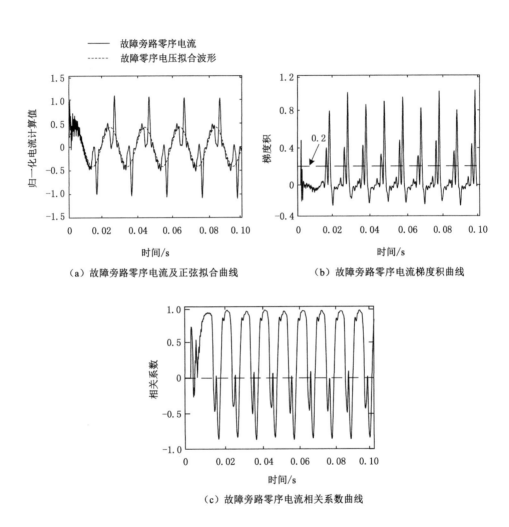

（a）故障旁路零序电流及正弦拟合曲线　　（b）故障旁路零序电流梯度积曲线

（c）故障旁路零序电流相关系数曲线

图 5-11　电弧接地故障判别情况

　　如图 5-11(a)所示,两曲线在波峰、波谷处存在较大差异,而在其他波形区段相似度较高。此点可通过图 5-11(b)梯度积变化较为剧烈进行印证;图 5-11(c)中电弧接地故障旁路零序电流与正弦曲线相关系数在[-1,1]之间往复振荡也可辅助印证。此时,求得的梯度积与相关系数均不满足式(5-9)。两项判据均不满足,可判定该故障为电弧接地故障。

（2）非故障状态

设置系统非全相运行,未运行相为 A 相,采集线路 L3 的零序电流,计算并绘制零序电压对应的正弦拟合曲线(已折算为与电流同一数量级)、零序电流梯度积、相关系数曲线,结果如图 5-12 所示。

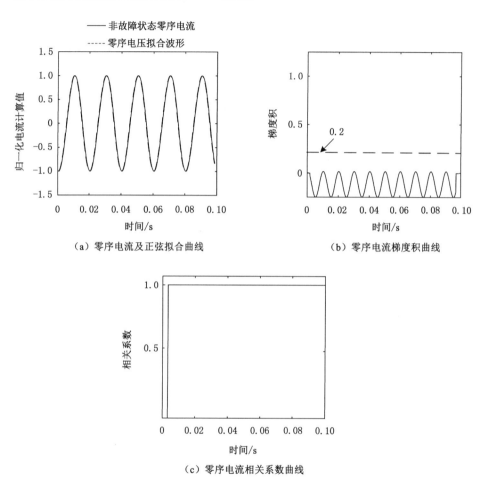

图 5-12　非故障状态判别情况

如图 5-12(a)所示,两曲线在整个波形区段相似度均较高。此点可通过图 5-12(b)所示梯度积变化较为平缓进行印证;图 5-12(c)中非故障状态下的零序电流与正弦曲线相关系数始终趋近于 1 也可辅助印证两曲线较为相似。此时,求得的梯度积与相关系数均满足式(5-9)。两项判据均满足,可判定该线路为非故障状态。

对三相绝缘不对称情况也做了相应的测试,信号波形及测试结果与上述类似。所提方法能有效判定其为非故障运行状态。

5.3.2 广泛测试与方法对比

为验证本方法在各种工况下进行电弧故障辨识的有效性与优越性,仍借助上述实验环境,通过改变仿真参数,对本章所提方法、基于谐波能量的检测方法、基于故障峰度的检测方法进行多组对照仿真测试。

非故障状态模拟仿真参数依据上述实验条件,主要通过改变三相绝缘不对称情况、系统运行电压、系统未运行相和抽样线路位置进行测试与对照分析,共生成 27 组非故障状态进行对照测试。电弧接地故障模拟仿真参数取值除参照上述参数外,另修改了电弧的三个关键量(耗散功率、时间常数、电弧初始电导)进行测试。具体地,耗散功率变化范围为 $1.5\times10^3\sim4\times10^3$ W,时间常数取值范围为 $0.3\times10^{-5}\sim0.9\times10^{-5}$ s,电弧初始电导为 $1\times10^4\sim4\times10^4$ S。共生成 64 组电弧接地故障进行对照测试。测试结果如表 5-1 所示。

表 5-1 3 种方法的故障检测结果

类别	基于谐波能量的检测方法	基于故障峰度的检测方法	本章所提方法
非故障状态准确识别次数	27	27	27
电弧接地故障准确识别次数	46	48	64
识别准确率	80.22%	82.42%	100%

测试结果表明,上述方法均可准确识别常见的非故障状态。对于电弧接地故障,基于谐波能量或故障峰度的检测方法分别存在 18 组和 16 组识别错误的情况。进一步探究发现,识别错误的情况主要发生在耗散功率低于 2×10^3 W、电弧零休时长较短、零休特征不明显时。

5.3.3 实验验证

为了尽可能真实地模拟电弧故障,参考国家标准 GB/T31143 的规定,基于图 5-10 所示电网仿真模型,设计了如图 5-13 所示的电弧接地故障实验平台,实验参数如表 5-2 所示。

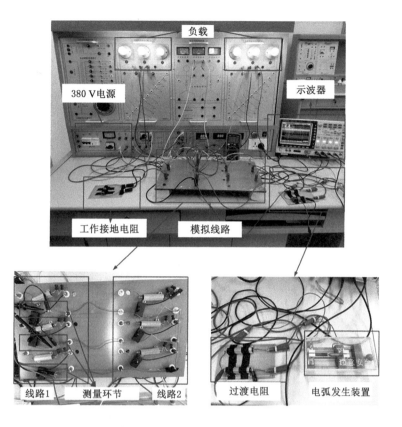

图 5-13　电弧接地故障实验平台

表 5-2　实验参数

参量	数值	参量	数值
交流电源电压	380 V	线路对地电容	0.68 μF
线路电阻	0.1 Ω	故障过渡电阻	110 Ω
线路电感	0.1 mH	采样频率	10 kHz

本次模拟实验中配电网共设置两回线路,分别为线路 1 和线路 2。设置线路 2 作为故障线路,故障发生于线路 2 的 B 相上。

将部分实测信号转化为输出数据代入本章所提方法流程中,可得与第四章仿真实验中结果相同的实验曲线,结果如图 5-14 所示。

此时,求得的梯度积与相关系数均不满足前述公式。两项判据均不满足,可判定该故障为电弧接地故障。

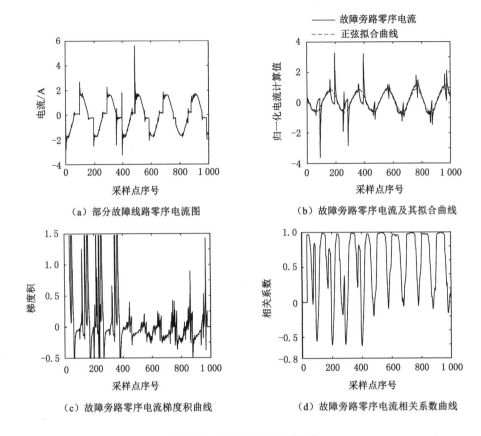

（a）部分故障线路零序电流图

（b）故障旁路零序电流及其拟合曲线

（c）故障旁路零序电流梯度积曲线

（d）故障旁路零序电流相关系数曲线

图 5-14　实测信号的故障判断

5.4　本章小结

（1）现有依据故障线路零序电压/电流信号特征的中性点有效接地电网电弧接地故障检测方法存在不足之处,尤其在电弧耗散功率较小、零休时长较短时电弧故障检测效力与准确性将大幅降低。

（2）电网的零序电压对电弧故障的传递作用使故障旁路中存在较为丰富的故障特征,可作为电弧接地故障辨识的依据。基于此,本章基于故障旁路零序电流梯度积与相关系数的电弧接地故障检测方法,可实现常规场景以及零休期很短的特殊场景中的电弧故障辨识。

（3）仿真测试结果与实验结果证明了本章所提方法的有效性及可靠性;对比测试结果表明,相较于常见的电弧检测方法更具优势。

第6章　基于 DTW 距离的短路故障辨识及电流差动保护

与传统配电网相比,智能配电网的主要特征之一,是能够支持分布式电源的大量接入。在各种形式 DG 大量接入的情况下,配电网变为有源配电网,其供电形式也由原来的单电源辐射型供电变为多电源联合供电。有源配电网短路故障时故障潮流的数值和方向均存在不确定性,现有的无法辨别潮流方向的电流保护,难以保障有源配电网的安全、可靠运行。因此,配电网保护亟须实施面向有源配电网的升级改造。然而,为降低成本和避免铁磁谐振,配电网上一般不装设电压互感器,导致构建潮流方向辨别元件存在很大困难。此外,配电网上广泛装设的馈线终端单元通信实时性较弱,时间同步误差大,不利于实现常规的电流差动保护。上述落后的装备现状,使面向有源配电网的配电网保护升级改造面临极大挑战。

为应对这些挑战,本章提出了一种基于动态时间弯曲距离的短路故障辨识及电流差动保护方法。为克服传统电流差动保护对信号同步性要求高的问题,本章利用具有抗同步误差能力的 DTW 距离算法作为信号特征辨识手段,度量电流信号的相似性特征,进而构建保护判据。

所提保护方法的基本流程为,利用相电流突变量启动算法,触发配电网区段边界上各 FTU 交换故障数据;然后,利用 DTW 距离算法的抗同步误差特性,弥补各 FTU 的启动差异;通过计算各 FTU 故障电流信号的 DTW 距离,实现对故障区段的甄别。此外,本章针对含不同类型 DG 的有源配电网,分别分析了所提 DTW 距离算法应用于差动保护的适应性。最后,通过系列仿真测试验证了所提方法的有效性。所提方法既不需获取电压信息,也不要求 FTU 间精确同步,对数据通信实时性要求不高,适用于 DG 高度渗透的含多分支馈线的有源配电网。

6.1 概述

6.1.1 DWT 距离算法原理与抗同步误差能力分析

DWT 距离算法原理与抗同步误差能力分析部分详见 4.1.1、4.1.2,本章不再赘述。

6.1.2 电流差动保护构思

传统配电网多采用辐射型结构或开环运行的环网结构,电流保护装置不需辨别短路电流方向,便能实现对配电网的可靠保护。在 DG 大量接入的有源配电网中,受电源功率输出、负荷容量以及故障点位置等影响,短路电流大小和方向具有不确定性,原有的不能辨别故障潮流方向的电流保护可能失效。若能够通过 FTU 准确识别馈线区域内各监测点处的潮流流向,便可通过区段纵联保护确定故障位置。然而,在电网上大量配置电压互感器耗资巨大,且容易使系统产生铁磁谐振,导致系统过电压,因此目前电网上一般不装设电压互感器,无法直接获得电压信息,难以通过故障潮流流向确定故障位置。

通过同步测量区段两端电流相位角关系也能确定区段内部是否发生故障,但这需要对时系统的支持。倘若采用 GPS 等精准对时装置,虽然可以达到很高的对时精度,但为馈线上众多 FTU 装设精准对时装置,投资较大,不够经济。如果 FTU 通过配电自动化系统与主站通信对时,或者相关 FTU 之间通过对等通信方式利用无线网络进行对时,考虑到当前 FTU 通信实时性较差,对时误差可能超过 10 ms,所测算的相位误差将达到 180°。因此,在现有馈线装备下,通过上述电流相位关系难以准确确定馈线区段运行状况。

差动保护不需使用电压量,已被广泛应用于高压输电网中,在多电源联合供电情况下,具有良好的选择性与可靠性,可考虑将其应用于有源配电网馈线保护。在配电网中,一条配电馈线一般由馈线分段开关分为若干个区段,每个区段通过其边界开关与其他区段隔离。以区段为单位进行差动保护:当故障发生在区段外部时,流进该区段各边界开关的所有电流之和接近于 0;当故障发生在区段内部时,流进该区段各边界开关的电流之和很大;安装在各边界开关处的FTU(下文简称边界 FTU)对电流进行采样与比较,据此构成馈线区段差动保护。然而,工程中广泛应用的采样值差动保护方法需要被保护元件各侧装置严格同步地传输实时的电流数据,配电网馈线所配置的 FTU 通信实时性较差,难以满足此要求。因此,实现所提保护方法的关键是克服或减小 FTU 通信实时性差、所传输数据不严格同步的影响。

本章所提保护方法利用馈线短路时的电流突变量对区段边界 FTU 进行初步同步,即馈线流过故障电流时,各 FTU 检测到电流突变,将突变时刻视为故障起始时刻,记录故障电流。如此,便可将各 FTU 所记录故障电流的同步时间误差控制在少数几个采样点以内。在此情况下,不需要各 FTU 严格同步地传输实时的故障电流数据,降低了对通信实时性的要求。然后,选择抗同步误差能力强的算法构成差动保护,确定故障位置。DTW 距离作为一种信号特征辨识参量,可度量两数据序列的差异,且具有良好的抗同步误差能力,因此本章采用 DTW 距离算法实现差动保护。

6.2　DTW 距离算法的适应性分析

6.2.1　电机类 DG 接入下的适应性分析

对于旋转型电机类 DG,在配电网发生短路故障后的瞬间,电机转矩、旋转速率与旋转磁场等不会发生突变,故障后瞬间的故障电流可达到额定电流的 6～10 倍,甚至更高。对于不同类型的电机类 DG,其故障响应特性也不尽相同[59]。具体地,对于同步电机,其短路电流受内部阻抗、内电动势等影响,故障后短路电流幅值经过 50～100 ms 的故障暂态过程,从额定电流的 8～10 倍衰减到 4～6 倍;对于异步电机,由于机内没有励磁支路,短路故障电流在故障后 100～300 ms 内,由额定电流的 6～8 倍逐渐衰减到零;对于具备 LVRT 功能的双馈发电机,其短路故障电流经过大约 50 ms 的过渡过程逐渐衰减至额定电流的 1.2～2 倍。综上所述,电机类 DG 在配电网短路后的瞬间故障电流极大,并经一段时间(一般大于 50 ms)后衰减至稳定值。所提保护算法只利用故障后一个周波(20 ms)的采样数据,在这段时间内可将电机类 DG 等效为一个传统电压源与等效阻抗的串联支路,如图 6-1(a)所示。

在此情况下,若被保护馈线区段为健全区段,则流过该馈线区段两侧的电流为同一电流,根据前述分析,所求得的 DTW 距离极小(理论上为零),大量仿真下其值均小于 0.05。若被保护馈线区段为故障区段,则该馈线区段两侧电流共同向故障点提供故障潮流,馈线区段两侧电流方向相反,所求得的 DTW 距离较大。此外,馈线区段两侧电源在类型、容量上存在很大差异,主电源与 DG 提供的短路电流幅值并不相等,DTW 距离会进一步增大,远大于上述健全区段的最大 DTW 距离。综上,选取合适的阈值,则可以根据 DTW 距离确定被保护馈线区段是否为故障区段。

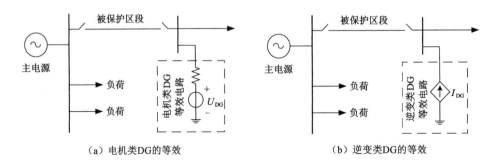

（a）电机类DG的等效　　　　　　　　　（b）逆变类DG的等效

图 6-1　DG 接入配电网的等效电路

6.2.2　逆变类 DG 接入下的适应性分析

目前,逆变类 DG 并网控制技术中较为成熟的有以下 3 种:微电网并网状态下的 PQ 控制方式,微电网孤岛状态下的调速差 Droop 控制以及 Vf 控制[60-61]。考虑到 DG 接入配电网相当于微电网并网运行状态,所以下文针对 DG 的 PQ 控制进行分析。

DG 的控制方式采用 PI 环节,控制策略包括功率外环和电流内环,其控制原理如图 6-2 所示。控制器利用功率解耦,通过控制派克变换后电流的 d 轴和 q 轴分量(i_d 和 i_q)分别控制 DG 的有功、无功输出。在功率外环控制得到了 i_d 和 i_q 的参考输出值 i_{dref} 和 i_{qref} 后,考虑实际电路模型,根据式(6-1)所示控制方程,实现精确的电流内环控制。

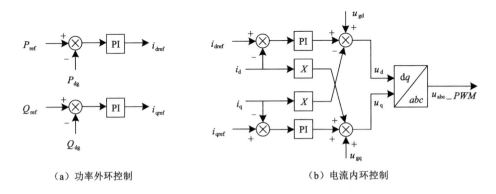

（a）功率外环控制　　　　　　　　　　（b）电流内环控制

图 6-2　逆变类 DG 的控制原理

$$\begin{cases} u_{\mathrm{d}} = (k_{\mathrm{p}} + \dfrac{k_i}{s})(i_{\mathrm{dref}} - i_{\mathrm{d}}) - Xi_{\mathrm{q}} + u_{\mathrm{gd}} \\[2mm] u_{\mathrm{q}} = (k_{\mathrm{p}} + \dfrac{k_i}{s})(i_{\mathrm{qref}} - i_{\mathrm{q}}) - Xi_{\mathrm{d}} + u_{\mathrm{gq}} \end{cases} \tag{6-1}$$

式中　k_{p} 和 k_i——比例调节系数和积分调节系数;

　　　i_{dref} 和 i_{qref}——输出电流 d 轴分量和 q 轴分量的指令值。

根据 DG 接入电网技术规程中的 LVRT 能力要求,当配电网发生短路故障导致电压跌落到额定电压的 90% 以下时,断开功率外环,并在电流内环直接给定有功、无功电流指令,从而实现对逆变器输出有功、无功电流的控制。因此,在对逆变类 DG 接入配电网的故障分析中,可将 DG 等效为一个受控的电流源,其等效接入电路如图 6-1(b)所示。

逆变类 DG 的故障响应特性取决于 LVRT 的控制策略。依照光伏发电站和风电场接入电力系统技术规定中的 LVRT 要求,当电压跌落到额定电压的 $0.2\sim0.9$ 倍之间时,DG 应保持并网,且向电网输出一定的无功电流,以形成对电压的支持作用;有功电流则根据逆变器不过流情况下发出的最大允许有功功率确定。逆变类 DG 在 LVRT 运行期间,向电网输出的有功电流和无功电流的幅值可表示为

$$\begin{cases} I_{\mathrm{q}} = 1.5(0.9 - \lambda)I_{\mathrm{N}} \\[2mm] I_{\mathrm{d}} = \min\left\{ \dfrac{P_{\mathrm{ref}}}{U_{\mathrm{f}}}, \sqrt{I_{\max}^2 - I_{\mathrm{q}}^2} \right\} \end{cases} \tag{6-2}$$

式中　λ——电压跌落的百分比,且 $\lambda = |U_{\mathrm{f}}/U_{\mathrm{ref}}|$;

　　　U_{f}——故障下 DG 接入点电压;

　　　U_{ref}——正常运行时 DG 接入点电压;

　　　I_{N}——DG 额定输出电流;

　　　P_{ref}——正常运行时 DG 的有功功率参考值;

　　　$I_{\max}$——逆变类 DG 对外输出电流幅值的最大允许值,一般取 $1.2I_{\mathrm{N}}$ 或 $2I_{\mathrm{N}}$。

令式(6-2)中 $\dfrac{P_{\mathrm{ref}}}{U_{\mathrm{f}}}$ 与 $\sqrt{I_{\max}^2 - I_{\mathrm{q}}^2}$ 相等,可得有功功率临界情况下的电压跌落系数 λ_0。对于 $\lambda > \lambda_0$ 的情况,I_{d} 将取 $\dfrac{P_{\mathrm{ref}}}{U_{\mathrm{f}}}$;对于 $\lambda < \lambda_0$ 的情况,I_{d} 将取 $\sqrt{I_q^2 - I_q^2}$。

在确定无功电流与有功电流幅值后,可得逆变类 DG 输出电流的幅值与功率因数如下:

$$\begin{cases} I_{\mathrm{m}} = \sqrt{I_{\mathrm{d}}^2 + I_{\mathrm{q}}^2} \\ \varphi = \arctan \dfrac{I_{\mathrm{q}}}{I_{\mathrm{d}}} \end{cases} \qquad (6\text{-}3)$$

式中，I_{m} 和 φ 分别为逆变类 DG 输出电流的幅值与功率因数。

根据以上分析，可绘制 DG 在 LVRT 运行情况下向电网提供的故障电流的相量图，如图 6-3 中相量 $\dot{I}_{\mathrm{DG}}$ 所示。DG 提供的故障电流的数值被限定在最大允许值 $I_{\max}$ 之内，且滞后于电压相量一定角度。

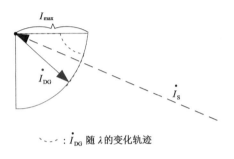

$\text{-----} : \dot{I}_{\mathrm{DG}}$ 随 λ 的变化轨迹

图 6-3　馈线区段两侧故障电流相量图

配电网主电源所提供的故障电流相量 $\dot{I}_{\mathrm{S}}$ 也被显示在图 6-3 中。主电源所提供故障电流 $\dot{I}_{\mathrm{S}}$ 的幅值极大，是逆变类 DG 对外输出电流最大允许值的几倍。从功率因数上看，由于系统短路故障回路呈现感性，配电网主电源所提供的故障电流也将呈现感性，与 DG 提供的感性故障电流一样，共同流向故障点。考虑到图 6-1(b)中主电源与 DG 分布在被保护馈线区段的两侧，电流的参考方向相反，故将电流相量 $\dot{I}_{\mathrm{S}}$ 的方向取反，如图 6-3 所示。

根据图 6-1(b)所示的含逆变类 DG 的配电网，对应用于被保护区段的 DTW 距离算法的适应性分析如下。

若被保护馈线区段为健全区段，则流过该馈线区段两侧的电流仍为同一电流。与前述分析一致，根据馈线区段两侧电流求得的 DTW 距离接近于零，大量仿真下其值均小于 0.05。

若被保护馈线区段为故障区段，则馈线区段两侧电流相量图如图 6-3 所示。两电流在幅值上呈现倍数级差异，方向亦近似相反，根据流过被保护馈线区段两侧故障电流求得的 DTW 距离将较大（远大于上述健全区段的 0.05）。为量化表示此情况下的 DTW 距离，重新构造 2 个正弦序列 $A_2 = X \sin(100\pi t)$ 和 $B_2 = \sin(100\pi t + \alpha)$ 模拟故障区段两侧电流信号的差异，探究其对 DTW 距离的影响。其中，$t=[0.000\,5,0.001,\cdots,0.02]$ s，X 代表两正弦序列幅值的倍数差异。令 X 取 $\{1,2,5\}$，分别求取 DTW 距离的变化曲线，结果如图 6-4 所示。区段两侧电流方向近似相反，这对应图中阴影部分所示的两正弦序列相角之差 α 的值较大，所求得的 DTW 距离也比较大；并且，随着两正弦序列幅值的差异 X 的增大，它们的 DTW 距离将进一步增大，如图中带箭头虚线所示的变化趋势。

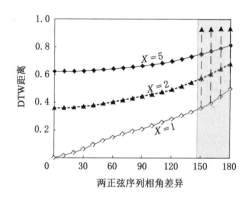

图 6-4　两序列差异对 DTW 距离的影响

此外，大量仿真发现，故障电流的衰减直流分量将导致故障区段两侧电流采样数据差异更加显著，使 DTW 距离进一步增大，达到 0.7 左右，是健全馈线区段最大 DTW 距离的十几倍。因此，可以选取合适的阈值，根据 DTW 距离确定被保护馈线区段是否为故障区段，且算法具有较高的灵敏性。

6.3　馈线区段差动保护实现方案

6.3.1　启动时刻的确定

FTU 实时监测馈线相电流采样数据，一旦监测到某个采样数据（设为 $i_\varphi(k)$）满足相电流突变量启动判据，便将此采样点所对应的时刻确定为该 FTU 保护算法的启动时刻，然后将启动时刻后连续 1 个工频周期（20 ms）的相电流采样数据发送到关联 FTU。本章定义，配电网馈线某区段的所有边界上的 FTU 互为关联 FTU。

相电流突变量启动判据为：

$$\max_{\varphi=A,B,C}\{\Delta i_\varphi\}>K_{\mathrm{set}}I_{\mathrm{N}} \tag{6-4}$$

式中　$\Delta i_\varphi=\big|\,|i_\varphi(k)-i_\varphi(k-N)|-|i_\varphi(k-N)-i_\varphi(k-2N)|\,\big|$——相电流突变量；

$i_\varphi(k)$——相电流的第 k 次采样值;

N——一个工频周期内的采样数目;

K_{set}——可靠系数;

I_N——额定电流。

相电流突变量启动判据灵敏度较高,可确保故障时馈线区段边界 FTU 均可靠启动。仿真发现,采样率不低于 2 kHz 时,一般情况下可以在故障后 1 ms 内启动。结合上文对 DTW 算法抗同步误差能力分析,在此误差范围内所提差动算法所受影响很小。

6.3.2 基于 DTW 距离的保护判据

图 6-5 显示了一个简化的有源配电网,按上文对关联 FTU 的规定,区段 2 中,FTU_3 和 FTU_5 相互关联;区段 3 中,FTU_5 和 FTU_6、FTU_7 相互关联。若 FTU_5 中相电流突变量启动元件动作,它将分别向其关联 FTU(即 FTU_3、FTU_6 和 FTU_7)发送电流采样数据。同时,FTU_5 也接收来自关联 FTU 的电流数据,分别计算区段 2 和区段 3 的 DTW 距离,以 DTW 距离判定 FTU_5 上、下游区段是否发生故障。

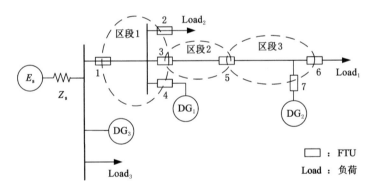

图 6-5 简化的有源配电网

(1)无分支馈线区段

对于无分支线路的区段,可直接计算区段两侧 FTU 电流的 DTW 距离。如图 2-8 中区段 2,若启动元件动作,FTU_3 和 FTU_5 都将接收到区段 2 另一侧的电流数据,并计算两侧电流数据序列的 DTW 距离。若区段为健全区段,流过该区段两侧的电流几乎为同一电流,即使 FTU 启动时刻存在一定差异,所求得的 DTW 距离仍然较小。若故障发生在区段内部,则故障电流将由区段两侧流向故障点,通过上文分析可知,此时的 DTW 距离较大。设定合适的门槛值 D_{set},

可得判据 1：对于无分支的馈线区段，若根据区段两侧 FTU 所求得的 DTW 距离大于 D_{set}，则判定该区段为故障区段；否则判定为健全区段。

结合区段内、外部故障时 DTW 距离的理论值与大量仿真分析结果，本章设定 DTW 距离的动作门槛值为 0.2，距离区段内、外部故障时的 DTW 值均有较大裕度，能可靠区分区段内、外部故障。

（2）含分支馈线区段

配电网中含分支的馈线广泛存在，取图 6-5 中区段 3 做简要分析，下文中，将 FTU_k 向其关联 FTU 发送的电流采样数据序列设为 i_k。

若区段 3 为健全区段，根据基尔霍夫电流定律，存在

$$i_5 + i_6 + i_7 = 0 \qquad (6\text{-}5)$$

上式未考虑采样时刻差异，且设电流参考方向均为流进区段 3。

为减小后续计算 DTW 距离时的相对误差，找出式（6-5）中均方根值最大的电流序列（假设为 i_5），将其移到等号右侧，有

$$i_6 + i_7 = -i_5 \qquad (6\text{-}6)$$

那么，存在 $D(i_6 + i_7, -i_5) < D_{set}$。

若区段 3 存在故障，根据上文分析，参与比较的电流信号幅值差异很大，且方向相反，因此存在 $D(i_6 + i_7, -i_5) > D_{set}$。

从而，得到判据 2：对于含分支的区段，先找出数据均方值最大的序列，再计算同区段其他关联 FTU 的采样数据序列的带符号运算和，形成如式（6-6）所示的等式，然后求取等式两侧序列的 DTW 距离，若 DTW 距离小于 D_{set}，则判定该区段为健全区段；否则，判定为故障区段。

6.3.3　保护的实现流程

所提馈线差动保护算法需要馈线区段上各关联 FTU 相互交换故障采样数据序列，关联 FTU 可通过对等式通信网络实现通信。FTU 中保护模块的工作流程如图 6-6 所示，并做以下说明。

（1）FTU 实时监测采样电流数据，一旦满足相电流突变量启动条件，将保存启动时刻后 20 ms 内的相电流采样数据，并发送到关联 FTU。

（2）利用 FTU 采样数据和关联 FTU 传来的数据，求取 DTW 距离，根据 DTW 距离的大小确定该 FTU 上、下游区段是否存在故障。

（3）若 FTU 上游（或下游）区段的 DTW 距离大于设定的门槛值 D_{set}，则判定上游（或下游）区段为故障区段，实施跳闸操作，并向故障区段的其他边界 FTU 发送跳闸信号。

（4）需要指出的是，若该 FTU 的下游仍有线路与负荷，但其下游再无其他

FTU,则以传统三段式电流保护中的过电流保护判据确定下游馈线区段是否存在故障。

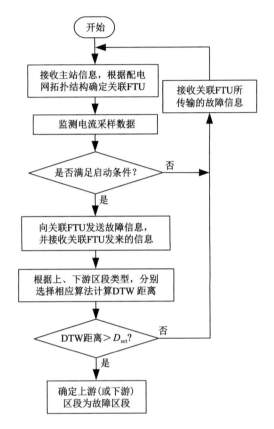

图 6-6　FTU 保护模块的工作流程

6.4　仿真验证与分析

利用 MATLAB/SIMULINK 搭建如图 6-5 所示有源配电网模型。主电源线电压设为 11 kV,线路正序和零序阻抗为 $Z_1=0.17+j0.38$ Ω/km 和 $Z_0=0.23+j1.72$ Ω/km,正序与零序对地电纳分别为 $b_1=3.045$ μS/km 和 $b_0=1.884$ μS/km,各区段线路长度为 2 km,DG 容量均为 1 MV·A,采样频率为 2 kHz。分别于不同时刻、不同位置设置相间短路故障进行仿真,根据所提馈线区段差动保护策略均能准确确定故障区段。限于篇幅,仅列出部分仿真结果。

6.4.1　仿真测试与验证

当馈线区段 1 的 50% 位置处发生三相短路故障时,仿真结果如表 6-1 所示。当馈线区段 2 的 50% 处发生 A、B 两相相间短路故障时,仿真结果如表 6-2 所示。表中,DTW 距离均由 A 相电流采样数据计算得到,"一"表示该 FTU 上游或下游无 FTU,"∗"表示与该 FTU 直接相连的区段无故障;以三段式电流保护中的过电流判据确定是否存在过电流。

表 6-1　区段 1 发生三相短路故障时的仿真结果

启动位置	上游区段 DTW 距离	下游区段 DTW 距离	是否存在过电流	故障区段
FTU_1	—	0.766 4	是	区段 1
FTU_2	0.766 4	—	否	区段 1
FTU_3	0.766 4	0.018 1	是	区段 1
FTU_4	0.766 4	—	是	区段 1
FTU_5	0.018 1	0.022 9	是	∗
FTU_6	0.022 9	—	否	∗
FTU_7	0.022 9	—	是	∗

表 6-2　区段 2 发生 A、B 两相相间短路故障时的仿真结果

启动位置	上游区段 DTW 距离	下游区段 DTW 距离	是否存在过电流	故障区段
FTU_1	—	0.001 6	是	∗
FTU_2	0.001 6	—	否	∗
FTU_3	0.001 6	0.729 9	是	区段 2
FTU_4	0.001 6	—	是	∗
FTU_5	0.729 9	0.035 0	是	区段 2
FTU_6	0.035 0	—	否	∗
FTU_7	0.035 0	—	是	∗

由表 6-1 可知,当区段 1 发生三相短路故障时,根据 $FTU_1 \sim FTU_4$ 所采集电流信号求取的 DTW 距离大于阈值($D_{set} = 0.2$),可判定区段 1 为故障区段。

根据其他 FTU 所求得的 DTW 距离均小于阈值,可判定其他馈线区段均为健全区段。此外,FTU_2 和 FTU_6 下游再无 FTU,且均无过电流情况,判定 FTU_2 和 FTU_6 下游也不存在故障。

区段 2 发生 A、B 相相间短路故障的仿真结果被显示在表 6-2。根据 FTU_3、FTU_5 计算的 DTW 距离存在大于阈值的情况,将区段 2 判定为故障区段。根据其他 FTU 监测、计算结果可判定其他区段内部未发生故障。

以上对于不同馈线区段的仿真分析表明,在不同馈线区段发生不同类型的短路故障情况下,所提方法均能正确确定故障区段位置,从而验证了所提保护方法的有效性。

6.4.2 抗同步误差能力测试

前文已有分析,对于区段内部故障,通过区段边界 FTU 采样数据求得的 DTW 距离将远大于动作阈值;而对于区段外部故障,所求得的 DTW 距离将显著小于动作阈值。为评估算法的抗同步误差能力,人为地将个别 FTU 的启动时刻加以修改,使其比关联 FTU 的启动时刻滞后 Δt,再求取 DTW 距离,观察保护是否仍能正确识别区段内部是否故障。表 6-3 给出了区段 2 发生内、外部故障时 DTW 距离与 Δt_1 的关系,其中,Δt_1 表示 FTU_5 的启动滞后时刻。

表 6-3　FTU_5 同步误差对区段 2 的 DTW 距离的影响

	Δt_1/ms				
	0	0.5	1	1.5	2
同步误差/(°)	0	9	18	27	36
区段外部故障 DTW 距离	0.018 1	0.025 0	0.039 3	0.059 4	0.083 4
区段内部故障 DTW 距离	0.729 9	0.714 6	0.700 6	0.692 5	0.683 6

从表 6-3 可以看出,在 FTU_4 与 FTU_5 存在一定程度不同步(0.5～2 ms)情况下,通过 FTU_4 和 FTU_5 采样数据求取的 DTW 距离依然显著小于(区段外部故障)或大于(区段内部故障)动作门槛值 D_{set},能够保证保护对馈线区段运行状况做出准确判断。这表明,所提基于 DTW 距离算法的馈线差动保护具有很强的抗同步误差能力。

以上是对无分支区段的分析。考虑到启动时刻滞后现象更容易出现在不含 DG 的馈出线路(如 FTU_2 所在馈线),下文设置 FTU_2 的启动时刻滞后于其他关联 FTU 一定时间(设为 Δt_2),以此考察在带分支区段中所提保护算法的抗同步误差能力。区段 1 发生内、外部故障时的 DTW 距离与 Δt_2 的关系如表 6-4 所示,其中,Δt_2 表示 FTU$_2$ 的启动滞后时刻。

表 6-4　FTU$_2$ 同步误差对区段 1 的 DTW 距离的影响

	Δt_2/ms				
	0	0.5	1	2	4
同步误差/(°)	0	9	18	36	72
区段外部故障 DTW 距离	0.001 6	0.002 5	0.004 8	0.009 5	0.017 8
区段内部故障 DTW 距离	0.766 4	0.760 3	0.762 1	0.761 4	0.761 0

根据表 6-4,在 FTU$_2$ 与关联 FTU 存在启动不同步情况下,对于区段外部故障,通过 FTU$_{1\sim4}$ 计算的 DTW 距离仍然远小于动作门槛值 D_{set};对于区段内部故障,则显著大于 D_{set}。进一步表明,所提保护算法对带分支区段也具有良好的抗同步误差能力。

带分支线路的区段发生外部故障时的 DTW 距离远小于同样同步误差情况下的无分支区段的 DTW 距离,且区段 1 外部故障时 DTW 距离受 FTU$_2$ 同步误差影响比较小。这是因为 FTU$_2$ 下游不含电源,故障电流为 0 或很小,导致 FTU$_2$ 采样数据同步误差对 DTW 距离大小的影响变得很小。这表明所提保护算法在带分支区段可能具有更强的抗同步误差能力。

考虑极端的情况,例如 FTU$_2$ 因故无法正常启动。此时,因 FTU$_2$ 下游不再含有电源,可忽略 FTU$_2$ 所在支路,求得区段 1 的 DTW 距离为 0.044 2(区段外部故障)和 0.713 8(区段内部故障),仍然能够据此对区段运行状态做出正确判断。对其他系统的大量类似仿真结果也验证了以上分析的正确性。

6.5　本章小结

DG 规模化接入情况下,有源配电网中故障潮流双向流动导致馈线上原有馈线保护失效,馈线保护亟须实施面向有源配电网的升级改造。然而,馈线上未广泛安装电压互感器,导致难以构造潮流方向元件。此外,FTU 通信实时性较差、时间同步能力较弱,无法直接将输电线路电流差动保护直接移植于有源配电网馈线保护。本章充分考虑上述实际工程背景,提出一种基于 DTW 距离的馈线区段差动保护方法,为有源配电网馈线保护提供了一种有效的实现方案,可应用于馈线保护面向有源配电网的升级改造工程。

所提馈线区段差动保护方法通过突变量启动算法和 DTW 距离算法的结合,可应对上述电压量缺失、通信实时性差、时间同步能力弱等实际工程问题。

算法抗同步误差特性分析、不同类型 DG 接入配电网情况下的算法适应性分析，以及仿真测试分析，均证明了所提保护方法的有效性与可靠性。

所提方法对于馈线区段外部故障具有较强的抗同步误差能力，对于馈线区段内部故障具有较高的灵敏性；并且不要求馈线上安装电压互感器，亦不需要 FTU 同步采样、实时通信，易于工程实现，具有良好的应用前景。

第7章　闭环配电网短路故障辨识与线路相位差动保护

以太阳能和风能为代表的 DG 大量接入配电网,在事实上改变了配电网的供电结构,使其由单电源辐射型供电变为多电源联合供电。在此背景下,鉴于闭环配电网运行能够真正实现 N-1 运行稳定性,且可解决倒闸操作或故障引起的短时停电问题,在部分配电网段停运时能够避免 DG 的频繁投切与孤岛运行,提升配电网的运行可靠性,多地考虑配电网采取闭环运行方式[62]。例如,贵州凯里对环形配电网闭环运行进行了可行性论证,广州中新知识城已实施配电网闭环运行试点建设。

在多电源联合供电的闭环配电网运行中,保护仍需面对故障潮流双向流动、缺少潮流方向鉴别元件、无光纤实时通信网络等挑战。为应对这些挑战,本章提出了一种基于电流相位变化量的多源供电闭环配电网故障辨识与相位差动保护方法。不同于传统电流差动保护,所提保护方法使用故障前电流作为参考,利用其与故障后正序故障分量电流的相位变化量作为信号特征辨识参量,度量线路两端(或三端)潮流方向的一致性,进而构建保护判据。该方法可有效应对配电网上故障潮流不确定性问题,准确动作于保护区域内部故障;借助现有第三方通信通道即可实现所提保护方法,不需另行架设专用光纤通信通道,亦不需在馈线上加装电压互感器构建潮流方向鉴别元件,便于其工程应用。最后,大量的仿真测试与有针对性的对比分析,验证了所提方法的有效性与可靠性。

7.1　闭环配电网短路故障辨识与差动保护

图 7-1(a)显示了一个闭环运行配电网的网络拓扑图。其中,同变电站或不同变电站的 2 个等效主电源,以及接入系统中的各类分布式电源,实施联合供电;继电保护装置(图中保护 M 和保护 N)共同为馈线 MN 提供保护,F_1 与 F_2 为设置的短路故障。图 7-1(b)为简化的等效电路模型,馈线 MN 两端之外的系

统被分别等效为两个含内阻的电源。

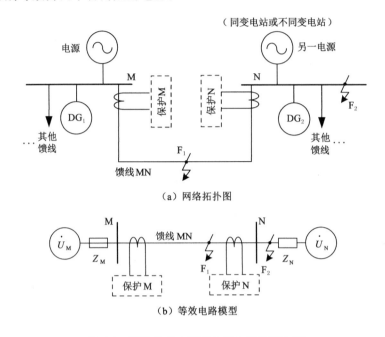

（a）网络拓扑图

（b）等效电路模型

图 7-1　简化的多电源联合供电闭环配电网

在正常运行情况下，系统的正序等效电路如图 7-2(a)所示。图 7-2(b)为馈线 MN 内部发生短路故障（如故障 F_1）时的正序故障分量等效电路；图 7-2(c)为短路故障发生在馈线 MN 外部（如故障 F_2）时的正序故障分量等效电路。在上述电路图中，Z_{MN} 为馈线 MN 的等效正序阻抗；Z_M 和 Z_N 为馈线 MN 两端系统的等效正序阻抗；$\dot{U}_F$ 为产生故障分量的故障附加电压；ΔZ 为故障附加阻抗；$\dot{I}_M$ 和 $\dot{I}_N$ 代表正常运行情况下流过馈线 MN 两端的正序电流；$\dot{I}_{FM}$ 和 $\dot{I}_{FN}$ 代表短路故障情况下流过馈线 MN 两端的正序故障分量电流。本章中各电流的参考方向设为从馈线两端流入馈线内部。

从馈线两端电流分别提取正序故障分量，利用其相角差异可构成针对馈线短路故障的电流相位差动保护。然而，电流相位差动保护对通信实时性要求高，需要架设专用的光纤通信通道，实现成本较高。为解决这一问题，本章利用故障前电流信号相位作为参考，利用正序故障分量及其相对于故障前电流的相位变化量构建差动保护方案，通过馈线上现有的第三方通信网络或无线通信网络即可实现。

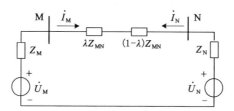

（a）正常运行情况下的等效电路

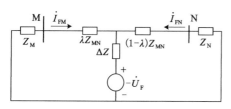

（b）内部故障时的故障分量电路

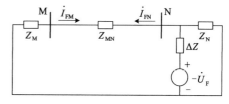

（c）外部故障时的故障分量电路

图 7-2　不同运行情况下的等效电路

7.1.1　基于相位变化量的双端馈线故障辨识

如图 7-2(a)所示,在正常运行情况下,流过馈线 MN 两端的正序电流关系可被表示为:

$$\dot{I}_{\mathrm{M}} = -\dot{I}_{\mathrm{N}} \tag{7-1}$$

得到:

$$\varphi(\dot{I}_{\mathrm{N}}) - \varphi(\dot{I}_{\mathrm{M}}) = \pi \tag{7-2}$$

式中　$\varphi(\dot{I}_{\mathrm{M}})$——相量 $\dot{I}_{\mathrm{M}}$ 的相位;

$\varphi(\dot{I}_{\mathrm{N}})$——相量 $\dot{I}_{\mathrm{N}}$ 的相位。

（1）内部故障

对于馈线内部故障(故障 F_1),根据图 7-2(b),流经馈线两端保护装置的正序故障分量可被求取如下:

$$\begin{cases} \dot{I}_{\mathrm{FM}} = -\dfrac{-\dot{U}_{\mathrm{F}}}{\Delta Z + Z_{\mathrm{M}\Sigma} // Z_{\mathrm{N}\Sigma}} \times \dfrac{Z_{\mathrm{N}\Sigma}}{Z_{\mathrm{M}\Sigma} + Z_{\mathrm{N}\Sigma}} \\[4mm] \dot{I}_{\mathrm{FN}} = -\dfrac{-\dot{U}_{\mathrm{F}}}{\Delta Z + Z_{\mathrm{M}\Sigma} // Z_{\mathrm{N}\Sigma}} \times \dfrac{Z_{\mathrm{M}\Sigma}}{Z_{\mathrm{M}\Sigma} + Z_{\mathrm{N}\Sigma}} \end{cases} \tag{7-3}$$

式中　$Z_{\mathrm{M}\Sigma} = Z_{\mathrm{M}} + \lambda Z_{\mathrm{MN}}$;

$Z_{\mathrm{N}\Sigma} = Z_{\mathrm{N}} + (1-\lambda) Z_{\mathrm{MN}}$;

$Z_{M\Sigma}//Z_{N\Sigma}$——$Z_{M\Sigma}$ 与 $Z_{N\Sigma}$ 并联情况下的联合阻抗。

观察式(7-3),可以发现:

$$\left|\varphi(\dot{I}_{FM}) - \varphi(\dot{I}_{FN})\right| = \left|\varphi(Z_{N\Sigma}) - \varphi(Z_{M\Sigma})\right| \qquad (7\text{-}4)$$

式中 $\varphi(\dot{I}_{FM})$——相量 $\dot{I}_{FM}$ 的相位;

$\varphi(\dot{I}_{FN})$——相量 $\dot{I}_{FN}$ 的相位;

$\varphi(Z_{M\Sigma})$ 和 $\varphi(Z_{N\Sigma})$——$Z_{M\Sigma}$ 和 $Z_{N\Sigma}$ 的阻抗角。

本章中定义相位变化量 $\Delta\varphi$ 为:

$$\Delta\varphi = \Delta\varphi_M - \Delta\varphi_N - \pi \qquad (7\text{-}5)$$

式中,$\Delta\varphi_M$ 和 $\Delta\varphi_N$ 分别为

$$\Delta\varphi_M = \varphi(\dot{I}_{FM}) - \varphi(\dot{I}_M) \qquad (7\text{-}6)$$

$$\Delta\varphi_N = \varphi(\dot{I}_{FN}) - \varphi(\dot{I}_N) \qquad (7\text{-}7)$$

联合式(7-2)与式(7-4)~(7-7),可得

$$\left|\Delta\varphi\right| = \left|\varphi(Z_{N\Sigma}) - \varphi(Z_{M\Sigma})\right| \qquad (7\text{-}8)$$

考虑到配电网中 $\varphi(Z_{M\Sigma})$ 与 $\varphi(Z_{N\Sigma})$ 相近,且有 $0 < \varphi(Z_{M\Sigma}) < \pi/2, 0 < \varphi(Z_{N\Sigma}) < \pi/2$,因此 $\left|\Delta\varphi\right|$ 为一个较小的值,且

$$\left|\Delta\varphi\right| < \pi/2 \qquad (7\text{-}9)$$

上述电流的相量图如图 7-3(a)所示,从图中可以得出与上述相同的结论。

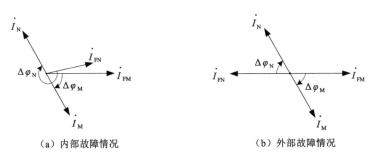

(a) 内部故障情况　　　　　　　　　(b) 外部故障情况

图 7-3　不同状况下的电流相量图

(2) 外部故障与其他运行状况

在外部故障(故障 F_2)下,故障分量电路图如图 7-2(c)所示,根据基尔霍夫电流定律,存在:

$$\dot{I}_{FM} = -\dot{I}_{FN} \qquad (7\text{-}10)$$

两相量的相位关系可被表示为:

$$\varphi(\dot{I}_{\mathrm{FM}}) - \varphi(\dot{I}_{\mathrm{FN}}) = \pi \tag{7-11}$$

一些其他非故障状况也可能触发保护装置启动,在这些状况下电流信号相位关系依然满足式(7-10)和式(7-11)。

联合式(7-2)、式(7-5)~(7-7)、式(7-11),得到:

$$|\Delta\varphi| = \pi \tag{7-12}$$

外部故障情况下的电流相量图如图 7-3(b)所示,从电流相量图可以验证式(7-12)的正确性。

(3) 故障判定准则

式(7-9)和式(7-12)揭示了$|\Delta\varphi|$在馈线不同运行状况下的差异,可得到短路故障判定准则如下:

$$\begin{cases} |\Delta\varphi| < \varphi_{\mathrm{set}} \Rightarrow 内部故障 \\ |\Delta\varphi| \geqslant \varphi_{\mathrm{set}} \Rightarrow 外部故障或其他工况 \end{cases} \tag{7-13}$$

其中,内部故障代表故障发生在馈线保护区域内部,馈线保护将动作;外部故障或其他工况情况下,馈线保护不需动作。φ_{set}为预设的阈值,为保证保护装置的选择性与灵敏性,φ_{set}的选取应基于上述理论分析与充足的仿真和实测数据;在本章中,φ_{set}设为$3\pi/4$,对于馈线不同运行状况均有可靠裕度。

7.1.2 双端馈线差动保护实现步骤

图 7-4 显示了基于相位变化量的双端馈线差动保护应用于图 7-1 中保护 M 的流程图,保护 N 的算法流程与之类似。对于所提保护,做以下说明。

(1) 保护装置以采样频率($f_{\mathrm{s}} = 2\ \mathrm{kHz}$)对三相电流信号进行采样,并时刻监测所采集电流信号,一旦满足下式则启动保护。

$$\max_{\varphi=A,B,C}\{\Delta i_{\varphi}\} > K_{\mathrm{res}} I_{\mathrm{rms}} \tag{7-14}$$

式中 $\Delta i_{\varphi} = ||i_{\varphi}(k) - i_{\varphi}(k-N_0)| - |i_{\varphi}(k-N_0) - i_{\varphi}(k-2N_0)||$,$N_0$——
一个工频周期内的采样总次数;

$i_{\varphi}(k)$——三相电流信号的第 k 次采样值;

I_{rms}——馈线额定电流值;

K_{res}——可靠系数。

(2) 假设保护在t_0时刻被启动,上文所述故障前电流信号将通过t_0-2T时刻与t_0-T时刻之间的采样数据计算获得(其中,$T=1/f$,f为系统运行频率);故障后电流信号通过t_0时刻与t_0+T时刻内的采样数据计算获得。故障分量通过故障后电流与故障前电流相减获得;正序分量则通过对称分量法求得;电流信号相位通过傅里叶算法求得。

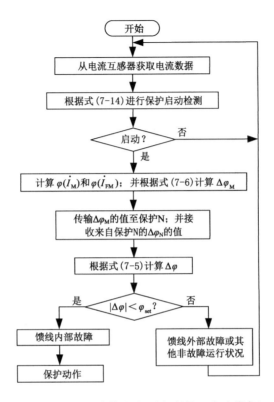

图 7-4　保护 M 中算法流程图（保护 N 与之类似）

（3）在保护 M 与保护 N 内，$\Delta\varphi_M$ 和 $\Delta\varphi_N$ 分别根据式(7-6)和式(7-7)求得。保护 M 和保护 N 分别通过通信交换所求得的 $\Delta\varphi_M$ 和 $\Delta\varphi_N$ 的值，然后根据式(7-5)计算 $|\Delta\varphi|$ 的值，并根据式(7-13)判定馈线保护区域内部是否发生短路故障。值得说明的是，在实施绝对值运算之前，应通过等效运算将 $\Delta\varphi$ 的值限定在 $-\pi\sim+\pi$ 范围内。具体算法为，若 $\Delta\varphi$ 大于 $+\pi$，则令其自减 2π；若 $\Delta\varphi$ 小于 $-\pi$，则令其自加 2π。

（4）保护 M 和保护 N 仅通过通信通道交换 $\Delta\varphi_M$ 与 $\Delta\varphi_N$ 的值，相对于需要交换电流信号采样数据的保护方法，本章所提保护方法的数据传输量极小。此外，所提方法对馈线运行状态判断的正确性不受通信时延的影响。因此，所提方法可通过馈线上现有的通信时延较大的第三方通信网络或无线通信网络实现，并不需要架设专用的光纤通信通道。

7.1.3　馈线差动保护方法的特性分析

（1）异步测量情况分析

传统的输电线路电流差动保护要求线路两端进行同步采样,这对通信系统的要求极高。在大多数配电网中,往往未装设专用的光纤数据通信通道,难以实现馈线两端的高精度同步采样。实际工程中通常利用馈线上的第三方通信网络或无线网络进行数据通信,馈线两端的通信时延具有不确定性,导致馈线两端的保护装置采样时刻可能存在几毫秒的不同步,即馈线两端保护装置在进行异步测量(异步采样)。在此情况下,利用馈线保护难以实现传统的电流差动保护。本章利用故障前电流作为参考,利用相位变化量构建保护判据,借助馈线上现有的第三方通信通道或无线通信通道,在馈线两端保护装置异步测量情况下依然能够确保保护正确动作,具体分析如下。

保护 M 和保护 N 对馈线两端的电流信号进行异步测量,分别测得 $\Delta\varphi_M$ 和 $\Delta\varphi_N$。图 7-5 显示了各电流的相量图,其中,$\dot{I}_M$、$\dot{I}_N$、$\dot{I}_{FM}$ 和 $\dot{I}_{FN}$ 分别为保护 M 和保护 N 在异步测量情况下测得的故障前电流与故障分量电流;假设 $\dot{I}'_M$ 和 $\dot{I}'_{FM}$ 为馈线两端保护装置进行同步测量时保护 M 所测得的故障前电流与故障分量电流。无论馈线两端在同步测量还是异步测量情况下,故障前电流与故障分量电流之间的相位差并不发生改变,因此存在:

$$\Delta\varphi'_M = \Delta\varphi_M \tag{7-15}$$

式中　$\Delta\varphi_M = \varphi(\dot{I}_{FM}) - \varphi(\dot{I}_M)$,通过异步测量获得;

　　　$\Delta\varphi_M = \varphi(\dot{I}'_{FM}) - \varphi(\dot{I}'_M)$,通过同步测量获得。

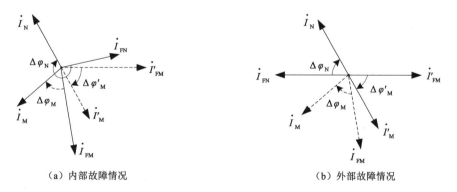

（a）内部故障情况　　　　　　　　　（b）外部故障情况

图 7-5　异步测量时的电流相量图

由式(7-15)得到,馈线两端在同步测量情况下获得的 $\Delta\varphi'_M$ 始终与异步测量情况下获得的 $\Delta\varphi_M$ 相等。这表明,馈线两端保护装置进行异步测量,并不会改变上文的分析结论,即所提保护方法在馈线两端保护装置进行异步测量情况下依然正确、有效。

（2）馈线电流变化情况分析

配电网在非故障情况下馈线电流发生变化是常见的。但是，非故障情况下的馈线电流变化容易满足式（7-14），触发保护误启动。因此，需要评估此情况是否会导致所提馈线差动保护误动作。

非故障状态下馈线电流发生变化时的电流相量图如图 7-6 所示。图中，$\dot{I}_M$ 和 $\dot{I}_N$ 为馈线两端保护装置在启动前所测得的馈线电流；$\dot{I}_{XM}$ 和 $\dot{I}_{XN}$ 为馈线两端保护装置在启动后所测得的馈线电流；$\dot{I}_{FM}$ 和 $\dot{I}_{FN}$ 为两保护装置所计算的故障分量电流，即 $\dot{I}_{XM}-\dot{I}_M$ 和 $\dot{I}_{XN}-\dot{I}_N$。从相量图可以发现，存在 $\Delta\varphi_M=\Delta\varphi_N$，因此得到：

$$|\Delta\varphi|=|\Delta\varphi_M-\Delta\varphi_N-\pi|=\pi \tag{7-16}$$

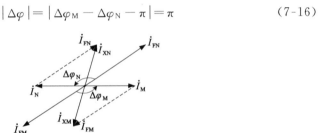

图 7-6　非故障状态下馈线电流变化情况的相量图

根据式（7-16）和图 7-4 所示算法流程图可知，在非故障情况下馈线电流发生改变时，所提保护方法将不会动作。这表明，非故障情况下的馈线电流变化不会影响所提保护方法的可靠性。

7.2　三端馈线故障辨识与差动保护

7.2.1　基于相位变化量的三端馈线故障辨识

三端馈线普遍存在于配电网中，因此本章设计了三端馈线差动保护方法。图 7-7 和图 7-8 显示了一个三端馈线的简化等效电路图、馈线保护区内部和外部发生短路故障下的故障分量电路图。图中，Z_X、Z_Y 和 Z_Q 分别表示馈线保护区域外部三个电路的正序阻抗；Z_{XL}、Z_{YL} 和 Z_{QL} 为馈线上三个区段的正序阻抗；$\dot{U}_F$ 为故障点处的故障附加电源；ΔZ 为故障点处的故障附加阻抗；$\dot{I}_X$、$\dot{I}_Y$ 和 $\dot{I}_Q$

分别为正常运行情况下流经馈线三端保护装置的电流；$\dot{I}_{FX}$、$\dot{I}_{FY}$ 和 $\dot{I}_{FQ}$ 为流经馈线三端保护装置的正序故障分量电流。

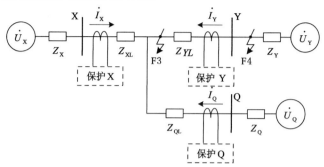

图 7-7　简化的三端馈线等效电路

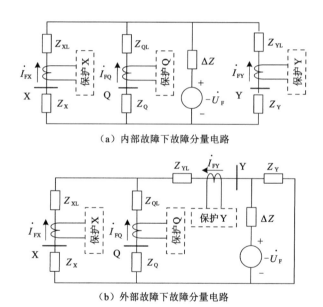

（a）内部故障下故障分量电路

（b）外部故障下故障分量电路

图 7-8　不同状态时的等效电路

对于三端馈线，定义相位变化量 $\Delta\theta$ 如下：

$$\Delta\theta = \max\{\,|\,\varphi(\dot{I}_{FX}) - \varphi(\dot{I}_{FY})\,|\,,\,|\,\varphi(\dot{I}_{FY}) - \varphi(\dot{I}_{FQ})\,|\,,\,|\,\varphi(\dot{I}_{FX}) - \varphi(\dot{I}_{FQ})\,|\,\}$$

$$(7\text{-}17)$$

（1）内部故障

对于保护区域内部故障，根据图 7-8(a)所示内部故障情况下的故障分量电

路图,可得:

$$\dot{Z}_{X\Sigma}\dot{I}_{FX}=Z_{Y\Sigma}\dot{I}_{FY}=Z_{Q\Sigma}\dot{I}_{FQ} \qquad (7\text{-}18)$$

式中,$Z_{X\Sigma}=Z_X+Z_{XL}$,$Z_{Y\Sigma}=Z_Y+Z_{YL}$,$Z_{Q\Sigma}=Z_Q+Z_{QL}$。

考虑到在配电网中 $\varphi(Z_{X\Sigma})$、$\varphi(Z_{Y\Sigma})$ 和 $\varphi(Z_{Q\Sigma})$ 的值相近,且三者均处于 $0\sim\pi/2$ 范围内,因此 $\varphi(\dot{I}_{FX})$、$\varphi(\dot{I}_{FY})$ 和 $\varphi(\dot{I}_{FQ})$ 中任意两者之差的绝对值将小于 $\pi/2$。根据式(7-17),可得

$$\Delta\theta<\pi/2 \qquad (7\text{-}19)$$

在保护区域内部故障下故障分量的相量图如图 7-9(a)所示。

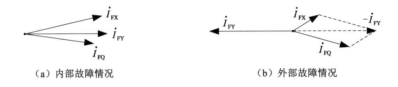

（a）内部故障情况　　　　　　　　　　（b）外部故障情况

图 7-9　不同状态时的故障分量相量图

（2）外部故障与其他运行状况

馈线保护区域外部故障下的故障分量电路图如图 7-8(b)所示,根据电路图容易得到:

$$\begin{cases} \dfrac{\dot{I}_{FX}}{\dot{I}_{FQ}}=\dfrac{Z_{Q\Sigma}}{Z_{X\Sigma}} \\[2mm] \dot{I}_{FY}=-(\dot{I}_{FX}+\dot{I}_{FQ}) \end{cases} \qquad (7\text{-}20)$$

由式(7-20)可得外部故障下故障分量的相量图如图 7-9(b)所示。考虑到 $Z_{X\Sigma}$ 与 $Z_{Q\Sigma}$ 的阻抗角关系,$|\varphi(\dot{I}_{FX})-\varphi(\dot{I}_{FQ})|$ 的值将小于 $\pi/2$。因此,$|\varphi(\dot{I}_{FX})-\varphi(\dot{I}_{FY})|$ 与 $|\varphi(\dot{I}_{FY})-\varphi(\dot{I}_{FQ})|$ 中将至少有一个大于 $3\pi/4$。结合式(7-17),可以得到:

$$\Delta\theta>3\pi/4 \qquad (7\text{-}21)$$

即使一些非故障状态触发保护误启动,此时所计算电流变化量将等效于图 7-8(b)中的故障分量,依然可得出式(7-21)所述结论。

（3）故障判定准则

根据式(7-19)和式(7-21)可知,$\Delta\theta$ 在馈线保护区域内部故障和其他运行状态下存在差异,因此得到馈线内部故障判据如下:

$$\begin{cases} \Delta\theta < \theta_{set} \Rightarrow 内部故障 \\ \Delta\theta \geqslant \theta_{set} \Rightarrow 外部故障或其他工况 \end{cases} \tag{7-22}$$

其中,内部故障代表故障发生在馈线保护的保护区内部,馈线保护将动作;外部故障或其他工况为馈线保护不需动作的情况。θ_{set} 为预设的阈值,根据上文分析及大量仿真测试结果,在本章中 θ_{set} 被设为 $5\pi/8$,以区分馈线保护区域内部故障和其他运行状态。

7.2.2　异步测量下保护算法的实现策略

根据式(7-17)可知,为计算 $\Delta\theta$ 的值,需要先计算 $\varphi(\dot{I}_{FX})$、$\varphi(\dot{I}_{FY})$ 与 $\varphi(\dot{I}_{FQ})$ 中两两之差。然而,$\dot{I}_{FX}$、$\dot{I}_{FY}$ 和 $\dot{I}_{FQ}$ 通过馈线各端的保护装置获得,由于馈线上各保护装置间实施异步测量,$\varphi(\dot{I}_{FX})$、$\varphi(\dot{I}_{FY})$ 与 $\varphi(\dot{I}_{FQ})$ 中两两之差无法被直接求取。

为解决此问题,特定义:

$$\begin{cases} \Delta\theta_X = \varphi(\dot{I}_{FX}) - \varphi(\dot{I}_X) \\ \Delta\theta_Y = \varphi(\dot{I}_{FY}) - \varphi(\dot{I}_Y) + \varphi(\dot{I}_Y) - \varphi(\dot{I}_X) \\ \Delta\theta_Q = \varphi(\dot{I}_{FQ}) - \varphi(\dot{I}_Q) + \varphi(\dot{I}_Q) - \varphi(\dot{I}_X) \end{cases} \tag{7-23}$$

此时,式(7-17)可被表示为

$$\Delta\theta = \max\{|\Delta\theta_X - \Delta\theta_Y|, |\Delta\theta_Y - \Delta\theta_Q|, |\Delta\theta_X - \Delta\theta_Q|\} \tag{7-24}$$

于是,求取 $\Delta\theta$ 的运算被转化为计算式(7-23)。在式(7-23)中,$\varphi(\dot{I}_{FX}) - \varphi(\dot{I}_X)$、$\varphi(\dot{I}_{FY}) - \varphi(\dot{I}_Y)$ 和 $\varphi(\dot{I}_{FQ}) - \varphi(\dot{I}_Q)$ 均可通过各保护装置内部数据的运算求得,而 $\varphi(\dot{I}_Y) - \varphi(\dot{I}_X)$ 和 $\varphi(\dot{I}_Q) - \varphi(\dot{I}_X)$ 可通过下文求得。

$\dot{I}_X$、$\dot{I}_Y$ 和 $\dot{I}_Q$ 为各保护装置所测量的故障前电流信号。事实上,此三者的幅值不受异步测量影响,可利用此三者的幅值求取 $\varphi(\dot{I}_Y) - \varphi(\dot{I}_X)$ 和 $\varphi(\dot{I}_Q) - \varphi(\dot{I}_X)$ 的值。

根据基尔霍夫电流定律,$\dot{I}_X$、$\dot{I}_Y$ 和 $\dot{I}_Q$ 的相量图可表示为图 7-10,其中图 7-10(a)和图 7-10(b)代表两种情况:$\varphi(\dot{I}_Y) - \varphi(\dot{I}_Q) \in [2k\pi, 2k\pi+\pi)$ 和 $\varphi(\dot{I}_Y) - \varphi(\dot{I}_Q) \in [2k\pi-\pi, 2k\pi)$,其中 k 为整数。

由于短路故障发生后,馈线各端保护装置近似同步被启动,$\varphi(\dot{I}_Y) - \varphi(\dot{I}_Q)$

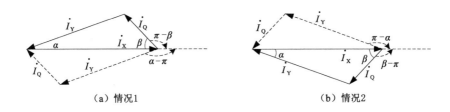

（a）情况1　　　　　　　　　　（b）情况2

图 7-10　馈线故障前电流相量图

的值可被用来判定图 7-10 中哪种情况更符合真实故障情况。

如果 $\varphi(\dot{I}_{\mathrm{Y}})-\varphi(\dot{I}_{\mathrm{Q}})\in[2k\pi,2k\pi+\pi]$，则图 7-10（a）所示情形将更符合真实故障情况，可得：

$$\begin{cases}\varphi(\dot{I}_{\mathrm{Y}})-\varphi(\dot{I}_{\mathrm{X}})=\alpha-\pi\\\varphi(\dot{I}_{\mathrm{Q}})-\varphi(\dot{I}_{\mathrm{X}})=\pi-\beta\end{cases}\tag{7-25}$$

相反地，如果 $\varphi(\dot{I}_{\mathrm{Y}})-\varphi(\dot{I}_{\mathrm{Q}})\in[2k\pi-\pi,2k\pi]$，则图 7-10（b）所示情形将更符合真实故障情况，可得：

$$\begin{cases}\varphi(\dot{I}_{\mathrm{Y}})-\varphi(\dot{I}_{\mathrm{X}})=\pi-\alpha\\\varphi(\dot{I}_{\mathrm{Q}})-\varphi(\dot{I}_{\mathrm{X}})=\beta-\pi\end{cases}\tag{7-26}$$

根据图 7-10 及余弦定理，可得：

$$\begin{cases}\alpha=\arccos\left(\dfrac{I_{\mathrm{X}}^2+I_{\mathrm{Y}}^2-I_{\mathrm{Q}}^2}{2I_{\mathrm{X}}I_{\mathrm{Y}}}\right)\\[2mm]\beta=\arccos\left(\dfrac{I_{\mathrm{X}}^2+I_{\mathrm{Q}}^2-I_{\mathrm{Y}}^2}{2I_{\mathrm{X}}I_{\mathrm{Q}}}\right)\end{cases}\tag{7-27}$$

联合式（7-23）～式（7-27），可在馈线各端保护装置异步测量情况下求得 $\Delta\theta$ 的值。

7.2.3　三端馈线差动保护实现步骤

图 7-11 描述了基于相位变化量的三端馈线差动保护应用于图 7-7 中保护 X 的逻辑流程图，馈线另两端保护装置（保护 Y 与保护 Q）的算法流程与之类似。对于保护具体实施步骤，做以下说明。

（1）保护流程图中每个代表相位的变量的计算结果必须被限定在 $-\pi\sim+\pi$

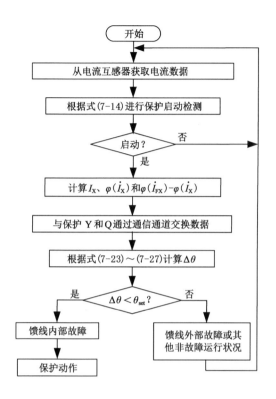

图 7-11　保护 X 中算法流程图（保护 Y 和保护 Q 与之类似）

范围内。具体限定算法为，若求得的某一相位大于 $+\pi$，则令其自减 2π；若小于 $-\pi$，则令其自加 2π。

（2）保护流程图中"与保护 Y 和 Q 通过通信通道交换数据"的具体含义是，通过通信通道传输 I_{X}、$\varphi(\dot{I}_{\mathrm{X}})$ 和 $\varphi(\dot{I}_{\mathrm{FX}})-\varphi(\dot{I}_{\mathrm{X}})$ 的值至保护 Y 和 Q；接收来自保护 Y 的 I_{Y}、$\varphi(\dot{I}_{\mathrm{Y}})$ 和 $\varphi(\dot{I}_{\mathrm{FY}})-\varphi(\dot{I}_{\mathrm{Y}})$ 的值；接收来自保护 Q 的 I_{Q}、$\varphi(\dot{I}_{\mathrm{Q}})$ 和 $\varphi(\dot{I}_{\mathrm{FQ}})-\varphi(\dot{I}_{\mathrm{Q}})$ 的值。

7.3　仿真验证与分析

7.3.1　仿真测试与验证

在本节，将通过图 7-12 所示仿真模型测试所提保护方法的有效性。该仿真模型被建立在 PSCAD/EMTDC 仿真平台上,包含多个电源:母线 1 和母线 4 分别连接着两个等效电源,分别代表两侧电网系统;此外,母线 2 处接有分布式电源;三个电源通过馈线对负荷实施联合供电。电源 1 和电源 2 的线电压设为 11 kV,初始相角相差 5°;馈线正、负序阻抗设为 0.106＋j0.115 Ω/km,零序阻抗设为 0.502＋j0.321 Ω/km;馈线段 line1～line4 的长度分别设为 8 km、6 km、2 km 和 4 km;DG 容量设为 4 MV·A;负荷 1～3 容量分别设为 6 MV·A、8 MV·A 和 4 MV·A,功率因数为 0.9;采样频率设为 2 kHz。在 MATLAB 软件平台编写了所提保护方法的具体实现程序,实施仿真后,各信号的采样数据被送至程序中测试所提保护方法的有效性,一些典型仿真结果被罗列如下。

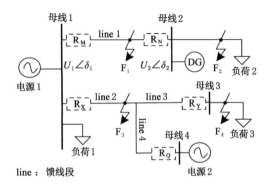

图 7-12　多电源联合供电配电网仿真模型

（1）双端馈线差动保护测试

R_M 和 R_N 为装设在馈线 line1 两端的保护装置,通过此 2 个保护装置测试所提双端馈线差动保护。表 7-1～表 7-4 显示了不同故障情况下对所提双端馈线差动保护的测试结果,其中,$\Delta\varphi_M$ 和 $\Delta\varphi_N$ 分别根据流过 R_M 和 R_N 的电流信号求得,$|\Delta\varphi|$ 根据式(7-5)求得。根据表 7-1～表 7-4 所示结果容易发现,当不同类型、不同参数的短路故障发生在保护区域内部(F_1)时,所求得的 $|\Delta\varphi|$ 的值始终小于 φ_{set}($\varphi_{set}=3\pi/4$,即 2.356 2 rad),馈线 line1 两端的保护装置 R_M 与 R_N 将正确动作;相反地,当各类短路故障发生在保护区域外部(F_2)时,所求得的 $|\Delta\varphi|$ 总是大于 φ_{set},保护装置 R_M 与 R_N 将保持不动作。根据上述仿真结果,保护装置的动作情况与预设故障相符,这表明所提双端馈线差动保护能够可靠反映保护区域内部的短路故障,保障馈线的安全运行。

表 7-1　不同故障位置情况下的短路故障仿真结果

故障位置	故障类型	故障点与母线 2 的距离/km	$\Delta\varphi_M$ /rad	$\Delta\varphi_N$ /rad	$\lvert\Delta\varphi\rvert$/rad	$\lvert\Delta\varphi\rvert\geqslant\varphi_{set}$ $\lvert\Delta\varphi\rvert<\varphi_{set}$
F_1 （内部故障）	AB	0.1	−1.322 3	1.692 8	0.126 4	<
		2	−1.273 9	1.760 3	0.107 4	<
		5	−1.203 1	1.855 8	0.082 7	<
	ABg	0.5	−1.311 8	1.708 0	0.121 8	<
		3	−1.249 1	1.793 7	0.098 8	<
		6	−1.182 9	1.885 7	0.072 9	<
	ABCg	1	−1.301 9	1.721 2	0.118 5	<
		4	−1.229 3	1.818 3	0.094 0	<
		7	−1.176 5	1.906 8	0.058 4	<
F_2 （外部故障）	AB	0.1	−1.329 9	−1.329 5	3.141 2	⩾
		2	−1.386 5	−1.385 9	3.141 0	⩾
		5	−1.466 6	−1.466 3	3.141 3	⩾
	ABg	0.5	−1.347 2	−1.347 3	3.141 4	⩾
		3	−1.413 0	−1.412 7	3.141 2	⩾
		6	−1.493 9	−1.493 4	3.141 1	⩾
	ABCg	1	−1.353 3	−1.352 8	3.141 2	⩾
		4	−1.432 8	−1.432 4	3.141 2	⩾
		7	−1.514 5	−1.514 0	3.141 2	⩾

表 7-2　不同故障过渡电阻的短路故障仿真结果

故障位置	故障类型	故障过渡电阻/Ω	$\Delta\varphi_M$ /rad	$\Delta\varphi_N$ /rad	$\lvert\Delta\varphi\rvert$/rad	$\lvert\Delta\varphi\rvert\geqslant\varphi_{set}$ $\lvert\Delta\varphi\rvert<\varphi_{set}$
F_1 （内部故障）	ABg	1	−1.209 5	1.750 1	0.182 0	<
		5	−1.209 1	1.749 8	0.182 7	<
		20	−1.208 3	1.749 9	0.183 4	<
	ABCg	5	−1.202 5	1.772 1	0.167 0	<
		10	−1.202 2	1.772 0	0.167 4	<
		15	−1.202 6	1.772 0	0.167 0	<

表 7-2(续)

故障位置	故障类型	故障过渡电阻/Ω	$\Delta\varphi_M$ /rad	$\Delta\varphi_N$ /rad	$\lvert\Delta\varphi\rvert$/rad	$\lvert\Delta\varphi\rvert\geqslant\varphi_{set}$ $\lvert\Delta\varphi\rvert<\varphi_{set}$
F$_2$ (外部故障)	ABg	1	2.618 0	2.618 0	3.141 6	≥
		5	2.618 1	2.618 1	3.141 6	≥
		20	2.617 9	2.618 1	3.141 4	≥
	ABCg	5	2.618 0	2.618 0	3.141 6	≥
		20	2.618 0	2.618 1	3.141 5	≥
		15	2.618 1	2.618 1	3.141 6	≥

表 7-3 不同时刻发生短路故障的仿真结果

故障位置	故障类型	故障时刻/s	$\Delta\varphi_M$ /rad	$\Delta\varphi_N$ /rad	$\lvert\Delta\varphi\rvert$/rad	$\lvert\Delta\varphi\rvert\geqslant\varphi_{set}$? $\lvert\Delta\varphi\rvert<\varphi_{set}$?
F$_1$ (内部故障)	AB	1.000	1.367 0	−1.871 6	0.097 0	<
		1.003	1.361 4	−1.886 0	0.105 8	<
		1.009	1.372 2	−1.864 7	0.095 3	<
	ABg	1.001	1.362 5	−1.881 5	0.102 4	<
		1.004	1.365 2	−1.878 7	0.102 3	<
		1.010	1.367 0	−1.871 6	0.097 0	<
	ABCg	1.002	1.368 7	−1.869 7	0.096 8	<
		1.005	1.368 7	−1.869 7	0.096 8	<
		1.019	1.368 7	−1.869 7	0.096 8	<
F$_2$ (外部故障)	AB	1.000	1.673 7	1.673 5	3.141 4	≥
		1.003	1.675 6	1.675 4	3.141 4	≥
		1.009	1.677 5	1.677 3	3.141 4	≥
	ABg	1.001	1.671 8	1.671 5	3.141 4	≥
		1.004	1.679 9	1.679 7	3.141 4	≥
		1.010	1.673 7	1.673 5	3.141 4	≥
	ABCg	1.002	1.678 7	1.678 5	3.141 4	≥
		1.005	1.678 7	1.678 5	3.141 4	≥
		1.019	1.678 7	1.678 5	3.141 4	≥

表 7-4 不同短路故障下所提三端馈线差动保护仿真结果

故障位置	故障类型	故障时刻/s	过渡电阻/Ω	$I_X,\varphi(\dot{I}_X)$, $\varphi(\dot{I}_{FX})-\varphi(\dot{I}_X)$	$I_Y,\varphi(\dot{I}_Y)$, $\varphi(\dot{I}_{FY})-\varphi(\dot{I}_Y)$	$I_Q,\varphi(\dot{I}_Q)$, $\varphi(\dot{I}_{FQ})-\varphi(\dot{I}_Q)$	$\Delta\theta$ /rad	$\Delta\theta\geqslant\theta_{set}$? $\Delta\theta<\theta_{set}$?
F_3 （内部故障）	AB	1.000	0.1	71,2.70,−2.30	225,1.80,−1.24	274,−1.14,−2.36	1.1200	$<$
	BC	1.002	5	71,−2.95,−0.78	225,2.42,0.28	274,−0.51,0.84	1.1229	$<$
	CA	1.015	1	71,1.13,2.88	225,0.22,−2.34	274,−2.71,2.82	1.1241	$<$
	ABg	1.001	10	71,3.02,−1.06	225,2.11,0.01	274,−0.83,−1.12	1.1231	$<$
	BCg	1.004	20	71,−1.07,1.26	225,−1.97,2.29	274,1.37,1.17	1.1227	$<$
	CAg	1.019	2	71,2.39,−1.94	225,1.48,−0.91	274,−1.45,−2.03	1.1238	$<$
	ABCg	1.005	10	71,−2.01,0.29	225,−2.92,1.32	274,0.43,0.20	1.1233	$<$
F_4 （外部故障）	AB	1.000	0.1	71,2.70,−2.35	225,1.80,0.72	274,−1.14,3.84	3.1149	$\geqslant$
	BC	1.002	5	71,−2.95,−0.75	225,2.42,2.32	274,−0.51,−0.85	3.1133	$\geqslant$
	CA	1.015	1	71,1.13,−2.81	225,0.23,0.26	274,−2.71,−2.91	3.1128	$\geqslant$
	ABg	1.001	10	71,3.02,−1.54	225,2.11,1.53	274,−0.83,−1.64	3.1132	$\geqslant$
	BCg	1.004	20	71,−2.32,0.04	225,3.05,3.11	274,0.11,−0.06	3.1130	$\geqslant$
	CAg	1.019	2	71,2.39,−1.96	225,1.48,1.10	274,−1.45,−2.06	3.1134	$\geqslant$
	ABCg	1.005	10	71,−2.01,0.28	225,−2.91,−2.93	274,0.43,0.18	3.1130	$\geqslant$

（2）三端馈线差动保护测试

R_X、R_Y 和 R_Q 为安装在馈线（包括馈线区段 line2～line4）三端的保护装置，利用此 3 个保护装置共同构建所提三端差动保护。在 F_3 和 F_4 处分别设置不同类型短路故障（故障时刻设为 1.100 s～1.120 s，故障过渡电阻设为 5 Ω）进行仿真，根据所提保护流程，计算故障前电流有效值（幅值/$\sqrt{3}$）、相位、正弦故障分量与故障前电流相位差，并通过式（7-23）～式（7-27）计算相位变化量 $\Delta\theta$，相关结果如表 7-4 所示。根据仿真结果容易发现，当 F_3 处发生短路故障时（保护区域内部故障），所求得的相位变化量 $\Delta\theta$ 总是小于阈值 θ_{set}（$\theta_{set}=5\pi/8$，即 1.963 5 rad），馈线三端的保护装置 R_X、R_Y 和 R_Q 将准确动作；当短路故障发生在保护区域外部（F_4 处）时，所求得的 $\Delta\theta$ 始终大于阈值 θ_{set}，保护装置将不动作。综上，不同故障情况下的仿真结果均导致 R_X、R_Y 和 R_Q 做出正确的响应，这验证了所提三端馈线差动保护方法的正确性。

7.3.2 可靠性分析与比较

本节针对所提保护方法在典型和特殊运行状态下的动作情况进行仿真分

析,并与其他文献所提方法进行了对比分析。

(1) 不同故障参数仿真分析

分别设置不同的故障参数(故障位置、故障时刻、故障过渡电阻等)对所提保护方法进行仿真测试,以评估所提保护方法的可靠性。

表 7-1 显示了所提双端馈线差动保护方法在不同位置发生短路故障时的仿真结果。其中,故障位置的变化包括故障发生在保护区域内部和外部,以及故障点与母线 2 的距离从 0.1 km 到 7 km 变化。针对所提三端馈线差动保护方法,不同位置发生短路故障的仿真结果如表 7-4 所示。通过以上结果可以发现,根据所求得的相位变化量 $|\Delta\varphi|$(或 $\Delta\theta$),所提保护方法始终正确动作;并且,所求得的相位变化量距离阈值存在较大的裕度,保护具有较好的灵敏性。因此,所提保护方法的可靠性不受故障位置变化影响。

通过分别设置 0.1 Ω～20 Ω 的过渡电阻进行故障仿真,仿真结果见表 7-2 和表 7-4。从这些仿真结果可以发现,当保护区域内部发生短路故障时,在不同的过渡电阻情况下所求得的相位变化量 $|\Delta\varphi|$(或 $\Delta\theta$)始终小于阈值,所提保护方法将正确动作;发生保护区域外部短路故障时,在不同的故障过渡电阻下所求得的相位变化量总是大于阈值,所提保护方法不会误动作。上述结果验证了所提方法在不同故障过渡电阻情况下的可靠性。

此外,通过仿真测试了故障时刻对所提保护方法的影响。所设置的故障时刻为从 1.000 s 变化到 1.019 s,仿真结果见表 7-3 和表 7-4。从表中数据容易发现,所提保护方法始终能够可靠识别保护区域内部短路故障,并准确动作。因此,所提方法的正确性不受故障时刻影响。

(2) 馈线电流变化仿真分析

许多其他不需电压量的保护方法容易受到正常运行情况下馈线电流变化的干扰,例如文献[63]中所述保护方法。在本节中,仿真评估了文献[63]中保护方法在馈线电流变化时的可靠性。分别设置了事例 1 和事例 2 来构建正常运行情况下的馈线电流变化情况。其中,事例 1 代表 DG 从配电网移除,事例 2 代表 DG 重新接入配电网。事例 1 和事例 2 的实施都导致馈线上电流发生变化,并触发保护启动。需要说明的是,为简单起见,特将此处 DG 更改设置为同样短路容量的电机类 DG。根据文献中所提保护方法,保护装置 R_M 和 R_N 分别计算启动前电流相位 φ_{pre}、启动后电流相位 φ_{post},以及相位突变量 $\Delta\varphi$,结果如表 7-5 所示。当实施事例 1 后,两保护装置 R_M 和 R_N 所求得的相位突变量 $\Delta\varphi$ 大于阈值 1(取 $\pi/3$,即 1.05 rad),将触发保护动作;当实施事例 2 后,两保护装置所求得的相位突变量 $\Delta\varphi$ 小于阈值 2(取 $-\pi/3$,即 -1.05 rad),也将触发保护动作。根据此 2 次事例测试可知,文献[63]中保护方法容易将正常运行中馈线电流变化情况误判为故障，而导致错误动作。

表 7-5 馈线电流变化情况下文献[63]方法的仿真结果

事例	保护装置	φ_{pre}/rad	φ_{post}/rad	$\Delta\varphi$/rad
事例 1	R_M	−1.211 3	1.099 5	2.310 8
	R_N	1.930 3	−2.051 8	2.301 1
事例 2	R_M	0.315 9	−1.975 7	−2.291 6
	R_N	−2.832 7	1.165 9	−2.284 6

同样实施事例 1 和事例 2，以测试本章所提方法的可靠性，仿真结果如表 7-6 所示。表中，R_M 和 R_N 分别计算 $\Delta\varphi_M$ 与 $\Delta\varphi_N$，并根据式(7-5)求取相位变化量 $|\Delta\varphi|$ 的值。对于事例 1 和事例 2，所求得的 $|\Delta\varphi|$ 的值均大于设定的阈值 φ_{set}($3\pi/4$，即 2.356 2 rad)。这表明，本章所提保护方法并未将事例 1 和事例 2 误判为保护区域内部故障，保护装置不动作。上述测试结果验证了 7.1.3 小节中对于所提方法可应对馈线电流变化情况所做分析的正确性。

表 7-6 馈线电流变化情况下本章所提方法的仿真结果

事例	保护装置	$\Delta\varphi_N$/rad	$\Delta\varphi_N$/rad	$|\Delta\varphi|$/rad
事例 1	R_M 和 R_N	3.131 9	3.131 8	3.141 5
事例 2	R_M 和 R_N	3.125 0	3.124 8	3.141 4

（3）故障前特殊电压状态仿真分析

文献中构建保护方法的前提是故障时刻前、后电流相位变化显著。然而，当保护两侧电源电压幅值差异较大且相位差异较小时，故障时刻前、后电流的相位变化将比较小，容易导致文献中保护方法的可靠性大幅降低。以馈线 line1 为例，如图 7-12 所示，U_1 和 U_2 分别代表两侧电源电压的有效值，δ_1 和 δ_2 分别代表两侧电源电压的相位。将母线 2 处 DG 更改为电机类 DG，并调整馈线 line1 两侧电源电压的相对差异，设置 F_1 处短路故障进行仿真，将 R_M 所获取的仿真数据送入文献中保护方法，得到表 7-7 所示仿真结果。观察表中数据可得，在馈线两侧电源电压幅值差异较大且相位差异较小时，所求得的相位突变量 $\Delta\varphi$ 的值很小；然而，正常运行情况下，$\Delta\varphi$ 的值同样接近于 0；此时，利用 $\Delta\varphi$ 的值难以明确区分故障状态与正常运行状态。因此，当保护两侧电源电压幅值差异较大且相位差异较小时，文献[63]中的保护方法容易丧失有效性。

表 7-7   考虑故障前馈线电压状况时文献[63]方法的仿真结果

(U_2/U_1)/kV	$(\delta_1-\delta_2)$/deg	φ_{pre}/rad	φ_{post}/rad	$\Delta\varphi$/rad
10.2/11	−5	0.130 9	−0.521 9	−0.652 8
	−2	−0.258 3	−0.520 1	−0.261 8
10/11	−5	0.015 7	−0.520 0	−0.535 8
	−2	−0.342 1	−0.520 1	−0.178 0

对本章所提保护方法进行了同样的仿真测试,结果如表 7-8 所示。在同样的故障前馈线电压状况下,根据流过保护装置 R_M 与 R_N 的电流数据所求得的相位变化量 $|\Delta\varphi|$,显著小于所设阈值 φ_{set}(2.356 2 rad)。这表明,当馈线两侧电源电压幅值差异较大且相位差异较小时,本章所提保护方法依然能准确动作于保护区域内部短路故障,不会产生误判。究其原因在于,当馈线两侧电源电压幅值差异较大且相位差异较小时,电流相位关系依然满足图 7-3 所示相量图,尽管馈线一端保护装置所求得的 $\Delta\varphi_M$ 较小,但另一端保护装置所求得的 $\Delta\varphi_N$ 将会很大,结合式(7-5),最终求得的相位变化量 $|\Delta\varphi|$ 的值依然远小于阈值。综上所述,本章所提保护方法不受故障前馈线两端电源电压状态影响,具有较强的可靠性。

表 7-8   考虑故障前馈线电压状况时本章所提方法的仿真结果

(U_2/U_1)/kV	$(\delta_1-\delta_2)$/deg	$\Delta\varphi_M$/rad	$\Delta\varphi_N$/rad	$|\Delta\varphi|$/rad
10.2/11	−5	−0.665 0	2.296 5	0.180 1
	−2	−0.265 3	2.696 3	0.180 0
10/11	−5	−0.887 4	2.074 2	0.180 0
	−2	−0.479 4	2.482 4	0.179 7

7.4   本章小结

多电源联合供电闭环配电网馈线保护面临故障潮流双向流动、馈线上缺少潮流方向鉴别元件、无光纤实时通信网络等挑战。为应对这些挑战,本章提出了可应用于双端馈线与三端馈线的馈线差动保护方法。

在分析馈线故障前电流与故障后正序故障分量电流相位关系的基础上,推导了相位变化量在馈线不同运行状态下的差异性表现,据此构建了基于相位变化量的馈线差动保护判据与保护实现流程。并且,针对保护装置异步测量情况与馈线电流变化情况,分别进行了分析,论证了所提保护方法的可靠性。利用所提保护方法,馈线边界上的保护装置借助馈线上现有的第三方通信网络或无线通信网络,在异步测量情况下即可实现保护功能,不需另行架设专用光纤通信通道;同时,也不需要在馈线上加装电压互感器构建故障潮流方向鉴别元件,能够大幅度减少经济成本,便于其工程应用。

大量的仿真测试验证了所提保护方法在不同故障状况(如不同故障类型、故障位置、故障过渡电阻等)下均能够正确动作,具有较高的可靠性。此外,有针对性的对比分析表明,所提保护方法的可靠性不受故障前电源电压状态、馈线电流变化等情况影响,优于一些其他的不需电压量的馈线保护方法。

第8章 配电线路励磁涌流辨识与继电保护防误动方案

随着电力工业的快速发展,配电网馈线下游的配电变压器数量与日俱增,容量也越来越大。当空载合闸或故障排除后恢复送电时,馈线下游众多配电变压器可能产生数值很大、波形畸变的励磁涌流。励磁涌流沿着馈线渗透到配电网中,容易造成反映短路故障的馈线继电保护误动作。

工程中广泛采用励磁涌流辨识与闭锁方法来应对励磁涌流对继电保护的不利影响。然而,已有的励磁涌流辨识与闭锁方法存在以下几点弊端,不能直接应用于配电网馈线保护中。

(1)已有的励磁涌流辨识与闭锁方法多应用于单台变压器的差动保护中。而配电网励磁涌流在馈线上与正弦负荷电流混合叠加,信号中励磁涌流特征被削弱或掩盖,可能造成已有的励磁涌流辨识与闭锁方法失效。

(2)已有的励磁涌流辨识与闭锁方法检测到电流信号中励磁涌流特征后便对保护实施闭锁,导致部分保护功能的中断或延时。并且,已有的方法在闭锁保护后,不再对信号中的非励磁涌流成分进行检测,存在盲目性。

(3)电流互感器(current transformer,CT)饱和时,CT二次侧所形成的CT饱和电流,在时域上存在波形畸变,在频域中存在丰富的高次谐波,这与励磁涌流的时频域特征较为相似。已有的励磁涌流辨识与闭锁方法对此研究较少,容易产生误判。

为克服以上几点弊端,本章提出了一种基于波形特征辨识的馈线电流畸变剔除与波形重构方法,并构建了馈线保护防误动方案。在分析配电网励磁涌流形成机理、波形特征的基础上,阐述了所提方案的原理与思路,详述了信号波形特征辨识方法、波形畸变检测方法,以及波形畸变时段剔除与重构方法。最后,通过励磁涌流仿真测试、CT饱和电流仿真测试、现场录波数据测试等,验证了所提方案可在很大程度上消除励磁涌流信号波形和CT饱和电流信号波形中的畸变成分,并通过信号重构使馈线保护接收到无畸变的信号,能够有效避免馈线保护误动作。

8.1　配电网励磁涌流分析

变压器的铁芯磁化曲线是非线性的,存在饱和区与非饱和区。当正常运行时,变压器工作在非饱和区,励磁电流与正弦波形的励磁磁通成比例关系,因此励磁电流波形呈现标准的正弦波形态,且数值很小。当变压器铁芯剩磁、合闸角等满足一定条件,在产生励磁涌流的过程中,变压器将不断进入饱和、退出饱和、再进入饱和,循环往复,如图 8-1 所示。当变压器运行于非饱和区时,等效励磁阻抗极大,励磁电流仍然呈现数值很小的正弦形态;当运行于饱和区时,等效励磁阻抗极小,产生数值很大的呈尖顶波形态的励磁电流。本章定义励磁磁通经由非饱和区形成的数值很小的励磁电流波形区段为正弦区段,经由饱和区形成的数值很大的波形区段为涌流区段。励磁涌流产生后,电流信号中的正弦区段与涌流区段交叠出现。

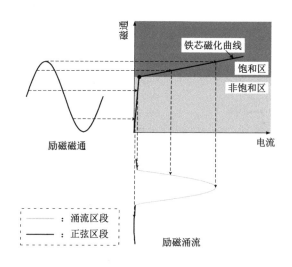

图 8-1　励磁涌流的产生原理图

当馈线下游配电变压器产生的励磁涌流在馈线上与正弦形态的负荷电流混合叠加时,馈线电流信号变得更加复杂。图 8-2 给出了某条馈线上励磁涌流与不同大小的正弦负荷电流在线路上混叠时的馈线电流信号。容易发现:一方面,励磁涌流成分存在于馈线电流信号中,使信号波形中反复出现畸变(即励磁涌流中的涌流区段),使信号的幅值变大、相角出现偏移,容易造成馈线保护误动作。

另一方面,随着电流信号中正弦成分的增加,信号的二次谐波含量百分比降低,并且波形间断角消失,使信号中励磁涌流特征被大幅削弱或掩盖,导致一些已有的辨识方法难以准确识别混叠在正弦负荷电流中的励磁涌流,进而无法可靠闭锁保护。

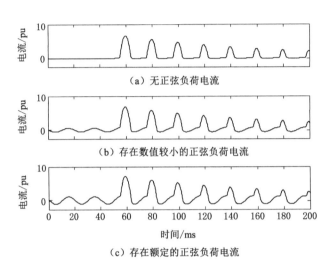

（a）无正弦负荷电流

（b）存在数值较小的正弦负荷电流

（c）存在额定的正弦负荷电流

图 8-2　励磁涌流与不同大小的负荷电流在线路上混叠

8.2　信号波形辨识与馈线保护防误动方案

8.2.1　馈线保护防误动方案构思

根据上文所述,配电网励磁涌流导致馈线保护误动作的主要原因是,馈线电流信号中存在励磁涌流成分,使电流波形出现畸变区段(即励磁涌流波形中的涌流区段)。于是,本章提出一种基于波形辨识的畸变剔除与波形重构方法,通过波形特征辨识技术确定畸变区段,将其剔除后再对信号波形进行重构。在此基础上,构建了馈线保护防误动方案,将重构后无畸变的电流信号送至馈线保护,避免馈线保护误动作。

特别地,考虑到 CT 饱和电流的干扰问题,在波形特征辨识环节增加了 CT 饱和电流辨识功能,使所提方案能够同时剔除 CT 饱和电流中的畸变区段。

所提畸变剔除与波形重构方法由 SA 区段检测单元和畸变剔除与重构单元组成,其技术框架如图 8-3 所示。其中,SA 区段检测单元利用最小二乘估计算法计算信号的瞬时幅值,根据瞬时幅值确定稳态区段(本章记为 SA 区段);畸变剔除与重构单元利用区段鉴别算法、区段边界梯度变化率(记为 RBG)等区分波形畸变区段与未畸变区段,进而剔除畸变区段,重构信号波形。

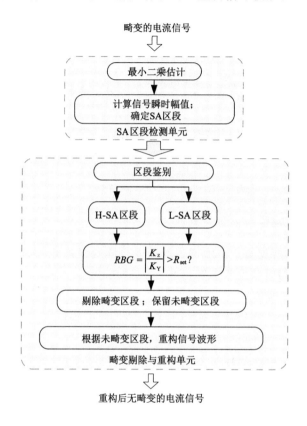

图 8-3　畸变剔除与波形重构的技术框架

图 8-4 显示了所提馈线保护防误动方案的应用示例。所提方案被应用在 CT 二次侧电流采集环节与馈线保护之间,可设为一个独立的环节,亦可集成在馈线保护之内。当励磁涌流侵入配电网馈线,或 CT 产生饱和,都可能导致 CT 二次侧电流中出现波形畸变,造成馈线保护错误动作。所提方案在从 CT 二次侧获取电流信号后,将剔除电流波形中的畸变区段,并对波形进行重构,从而避免励磁涌流或 CT 饱和导致馈线保护误动作。

励磁涌流侵入馈线,造成馈线上 CT 二次侧电流波形产生畸变。根据馈线是否带负荷运行,可将其分为以下 2 类:励磁涌流侵入空载馈线,如图 8-5(a)中电流波形所示;励磁涌流侵入带负荷运行的馈线,如图 8-5(b)中电流波形所示。

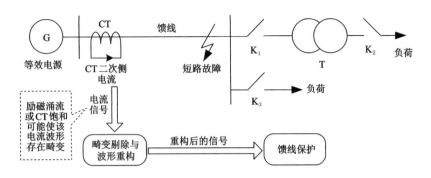

图 8-4 馈线保护防误动方案的应用示例

此外,CT 发生饱和时,CT 对正弦电流信号的非线性传变也将导致 CT 二次侧产生畸变的电流信号,如图 8-5(c)中电流波形所示。

8.2.2 信号瞬时幅值与波形区段检测

如上文所述,所提基于波形辨识的畸变剔除与波形重构方法中 SA 区段检测单元包括信号瞬时幅值的求取与 SA 区段的确定。

(1) 信号瞬时幅值

本章利用最小二乘估计算法[64]计算信号的瞬时幅值。

利用下式表示所获取的瞬时电流信号:

$$i(t) = I_D + I_A \sin(\omega t + \theta)$$
$$= I_D + I_A \cos\theta \sin\omega t + I_A \sin\theta \cos\omega t \qquad (8-1)$$

式中　$i(t)$——电流信号在 t 时刻的瞬时数值;

　　　I_D——电流信号中的瞬时直流分量;

　　　$I_A \sin(\omega t + \theta)$——电流信号中的瞬时交流分量;

　　　I_A、ω 和 θ——电流信号瞬时交流分量的幅值、角频率和相角。

对于 $t = t_0$ 时刻后的连续 m 个采样点存在

$$\boldsymbol{I} = \boldsymbol{A}\boldsymbol{X} \qquad (8-2)$$

式中:

$$\boldsymbol{I} = \begin{Bmatrix} i(t_0) \\ i(t_0 + \Delta t) \\ \vdots \\ i(t_0 + (m-1)\Delta t) \end{Bmatrix} \qquad \boldsymbol{X} = \begin{Bmatrix} X_1 \\ X_2 \\ X_3 \end{Bmatrix} = \begin{Bmatrix} I_D \\ I_A \cos\theta \\ I_A \sin\theta \end{Bmatrix}$$

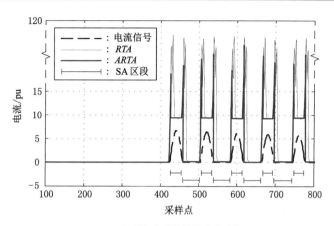

（a）侵入空载馈线的励磁涌流

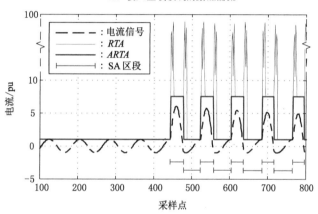

（b）侵入带负荷运行馈线的励磁涌流

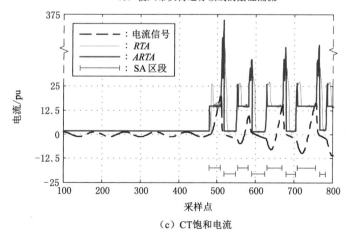

（c）CT饱和电流

图 8-5　配电网励磁涌流与 CT 饱和电流及其各项指标表现

$$A = \begin{bmatrix} 1 & \sin \omega t_0 & \cos \omega t_0 \\ 1 & \sin \omega(t_0 + \Delta t) & \cos \omega(t_0 + \Delta t) \\ \vdots & \vdots & \vdots \\ 1 & \sin \omega[t_0 + (m-1)\Delta t] & \cos \omega[t_0 + (m-1)\Delta t] \end{bmatrix}$$

在矩阵 I、X 和 A 中，Δt 代表采样间隔；t_0 为计算起始时刻，在每次计算时可将其取值设为零；m 为实施计算的数据窗长度，综合考虑计算的速度和精度，可将其设为每个工频周波采样次数的八分之一。

根据式(8-2)，矩阵 X 可通过下式求得：

$$X = (A^T A)^{-1} A^T I \tag{8-3}$$

电流信号瞬时交流分量的幅值 I_A 亦可通过矩阵 X 的第二、第三项求得，如下式所示：

$$I_A = \sqrt{X_2^2 + X_3^2} \tag{8-4}$$

在装置运行过程中，每当获得一个新的采样数据，则利用馈线电流信号中最新的 m 个采样数据构成矩阵 I，并根据式(8-3)和式(8-4)计算电流信号瞬时交流分量的幅值 I_A。

本章使用变量 RTA 代表 I_A，简称为信号瞬时幅值。对于励磁涌流与 CT 饱和电流，随着电流信号的实时变化，所求得的信号瞬时幅值 RTA 的实时变化也被表示在图 8-5 所示的波形图中。

值得说明的是，在每次计算中，式(8-3)中的 $(A^T A)^{-1} A^T$ 的值是恒定不变的。因此，$(A^T A)^{-1} A^T$ 的值仅需在初始化时被计算一次，在算法运行中不需被重复计算，这减少了在线计算的计算负担。以 TMS320F28335（一种常用的 DSP 处理器）为例，假设每个工频周波进行 80 次采样，在算法运行中每计算一次信号瞬时幅值 RTA 的值仅需几十次乘法和加法运算，以及一次开根号运算，在几个微秒内即可实现，计算负担很小。

(2) SA 区段的确定

SA 区段根据信号瞬时幅值 RTA 确定。在本章中，若电流信号在某个时段内所求取的 RTA 的波动很小，则定义该时段为稳态区段（即 SA 区段），具体如下文所述。

在每个新的采样数据被获得后，根据最新的 m 个采样数据计算出最新的 RTA 的值。若连续求得的多个（大于 4 个）RTA 值之差小于预设的阈值 F_{set}，则认为所求取的 RTA 的波动很小，可以判定这些采样点处于同一 SA 区段。SA 区段的判定标准如下。

如果采样点 $(\alpha, \beta) = (k_1, k_2)$ 满足式(8-5)～式(8-6)，并且 $(\alpha, \beta) = (k_1 - 1, k_2)$ 和 $(\alpha, \beta) = (k_1, k_2 + 1)$ 均不满足式(8-5)～式(8-6)，那么介于第 $k_1 - m + 1$

个采样点和第 k_2 个采样点之间的波形区段为 SA 区段。其中，$k_1 - m + 1$ 和 k_2 为该 SA 区段的边界，m 为前述的实施计算的数据窗长度。

$$\begin{cases} \beta - \alpha > 4 \\ f(\alpha, \beta) < F_{set} \end{cases} \tag{8-5}$$

式中　α 和 β——采样点序号；

$\qquad F_{set}$——预设的阈值。

F_{set} 为一个较小的值，以便于确定所求得的 RTA 的值的波动是否处于较小的范围。考虑到稳态电流的正常波动，以及计算误差，在本章中 F_{set} 的取值为 0.15。

$$f(\alpha, \beta) = \frac{\max\limits_{\alpha \leqslant j \leqslant \beta}\{RTA_j\} - \min\limits_{\alpha \leqslant j \leqslant \beta}\{RTA_j\}}{\max\limits_{\beta - N < j \leqslant \beta}\{|I_j|\}} \tag{8-6}$$

式中　RTA_j——根据电流信号中第 $j - m + 1$ 到第 j 个采样数据所求得的瞬时幅值 RTA 的值；

$\qquad I_j$——电流信号的第 j 次采样值；

$\qquad N$——一个工频周期内的采样次数。

并且，用变量 MA 表示一个 SA 区段内信号瞬时幅值 RTA 的平均幅值，通过下式求得：

$$MA = \frac{1}{k_2 - k_1 + 1}\sum_{j=k_1}^{k_2} RTA_j \tag{8-7}$$

在图 8-5 中，由于存在计算数据窗，瞬时幅值 RTA 的波形变化相对于 SA 区段的左边界存在滞后性。具体地，RTA 的波形变化相对于 SA 区段的左边界滞后 m 个采样点。因此，为便于研究，定义了修正的瞬时幅值 $ARTA$，$ARTA$ 的值可通过下式求得：

$$ARTA_j = \begin{cases} RTA_j & j \text{ 位于 SA 区段之外} \\ MA & j \text{ 位于 SA 区段之内} \end{cases} \tag{8-8}$$

式中　RTA_j——根据信号第 $j - m + 1$ 到第 j 个采样数据所求得的瞬时幅值 RTA 的值；

$\qquad ARTA_j$——相应的瞬时幅值 $ARTA$ 的值。

对于励磁涌流与 CT 饱和电流，随着电流波形的实时变化，所求得的 $ARTA$ 值也被表示在图 8-5 中。

8.2.3　基于波形辨识的畸变剔除与重构

（1）SA 区段分类

对于标准正弦信号，在任何一个波形区段内所求得的平均幅值 MA 均等于

$\sqrt{2}\,I_{RMS}$,其中 I_{RMS} 为信号的均方根值。对于励磁涌流或 CT 饱和电流,由于存在波形畸变,一部分区段所求得的平均幅值 MA 将远小于 $\sqrt{2}\,I_{RMS}$,而另一部分区段所求得的平均幅值 MA 将远大于 $\sqrt{2}\,I_{RMS}$。因此,本章利用 $\sqrt{2}\,K_d\,I_{RMS}$ 来区分这些区段,K_d 取 0.8。若某个 SA 区段的平均幅值 MA 大于 $\sqrt{2}\,K_d\,I_{RMS}$,则定义该区段为 H-SA 区段;若某个 SA 区段的平均幅值 MA 小于 $\sqrt{2}\,K_d\,I_{RMS}$,则定义该区段为 L-SA 区段。图 8-6 所示为某信号波形实施 H-SA 区段和 L-SA 区段划分的一个示例。

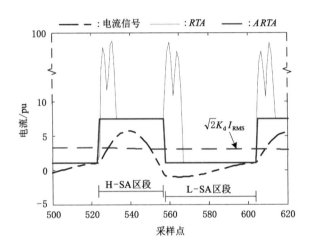

图 8-6　H-SA 区段和 L-SA 区段划分示例

如果在一个工频周波内同时存在 H-SA 区段和 L-SA 区段,则判定信号波形存在畸变,所提方案中畸变剔除与重构单元将被启动;否则,畸变剔除与重构单元将不会被启动,并且不对电流信号做任何处理,直接送至馈线保护。特别地,如果某个 SA 区段的长度大于一个工频周波,畸变剔除与重构单元将不介入,并且将不对该信号做任何处理,直接送至馈线保护。

(2) 鉴别励磁涌流与 CT 饱和电流

当畸变剔除与重构单元被启动介入,所提方案将根据区段边界梯度变化率(用变量 RBG 表示)对励磁涌流与 CT 饱和电流进行鉴别,具体如下文所述。

如果一个 H-SA 区段后存在一个 L-SA 区段,则将该 H-SA 区段的右边界称为观测点。边界梯度 K_Y 和 K_Z 分别表示观测点前后波形的变化趋势。图 8-7 描述了配电网励磁涌流和 CT 饱和电流的边界梯度。

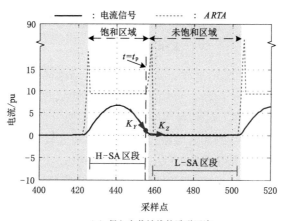

（a）侵入空载馈线的励磁涌流

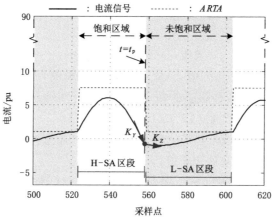

（b）侵入带负荷运行馈线的励磁涌流

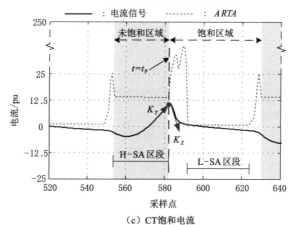

（c）CT饱和电流

图 8-7　信号边界梯度描述

根据边界梯度 K_Y 和 K_Z，区段边界梯度变化率 RBG 被定义如下：

$$RBG = \left| \frac{K_Z}{K_Y} \right| \qquad (8\text{-}9)$$

就信号波形区段边界梯度变化率 RBG 而言，励磁涌流与 CT 饱和电流存在显著差异。

对于励磁涌流，H-SA 区段对应变压器的饱和区。如图 8-7(a)和图 8-7(b)所示，观测点表示信号从饱和区域跳出，跳入未饱和区域。因此，在励磁涌流中，$|K_Z|$ 远小于 $|K_Y|$，所求得的 RBG 为一个较小的值。

对于 CT 饱和电流，如图 8-7(c)所示，H-SA 区段对应电流互感器的未饱和区。观测点表示信号从未饱和区域跳出，跳入饱和区域。因此，在 CT 饱和电流中，$|K_Z|$ 远大于 $|K_Y|$，所求得的 RBG 为一个相对较大的值。

综合以上差异，可利用区段边界梯度变化率 RBG 区分励磁涌流与 CT 饱和电流，具体判据如下：

$$RBG \leqslant R_{set} \Rightarrow 励磁涌流$$
$$RBG > R_{set} \Rightarrow CT\ 饱和电流$$

其中，R_{set} 为区分两种状态的阈值。考虑到为两种状态设置适当的安全裕度，在本章中 R_{set} 的取值为 0.75。

如上文所述，信号波形边界梯度 K_Y 和 K_Z 分别表示观测点前、后波形的变化趋势，可通过最小二乘算法求得。

假设前述观测点对应 $t = t_p$ 时刻，对于 $t = t_p$ 时刻前、后各 $m/2$ 个采样数据，假定其满足线性关系，存在：

$$\begin{cases} i(t_p - j\Delta t) = Y_1 + Y_2(t_p - j\Delta t) \\ i(t_p + j\Delta t) = Z_1 + Z_2(t_p + j\Delta t) \end{cases} \quad j = 0, 1, \cdots, m/2 - 1 \quad (8\text{-}10)$$

式中　Y_2 和 Z_2——边界梯度 K_Y 和 K_Z，表征观测点前后波形的变化趋势；

　　　　Δt——信号采样时间间隔；

　　　　m——前述的时间窗长度；

　　　　t_p——观测点对应的时刻，在每次计算时可将 t_p 视为零时刻。

式(8-10)可被更改为矩阵形式：

$$\boldsymbol{P} = \boldsymbol{BY}\ 和\ \boldsymbol{Q} = \boldsymbol{CZ} \qquad (8\text{-}11)$$

式中：

$$\boldsymbol{P} = \begin{pmatrix} i(t_p - (m/2 - 1)\Delta t) \\ i(t_p - (m/2 - 2)\Delta t) \\ \vdots \\ i(t_p) \end{pmatrix} \qquad \boldsymbol{Q} = \begin{pmatrix} i(t_p) \\ i(t_p + \Delta t) \\ \vdots \\ i(t_p + (m/2 - 1)\Delta t) \end{pmatrix}$$

$$\boldsymbol{B} = \begin{pmatrix} 1 & t_{\mathrm{p}} - (m/2-1)\Delta t \\ 1 & t_{\mathrm{p}} - (m/2-2)\Delta t \\ \vdots & \vdots \\ 1 & t_{\mathrm{p}} \end{pmatrix} \qquad \boldsymbol{C} = \begin{pmatrix} 1 & t_{\mathrm{p}} \\ 1 & t_{\mathrm{p}} + \Delta t \\ \vdots & \vdots \\ 1 & t_{\mathrm{p}} + (m/2-1)\Delta t \end{pmatrix}$$

$$\boldsymbol{Y} = \begin{pmatrix} Y_1 \\ Y_2 \end{pmatrix} \qquad \boldsymbol{Z} = \begin{pmatrix} Z_1 \\ Z_2 \end{pmatrix}$$

与上文矩阵参数求解过程相似,矩阵 $\boldsymbol{Y}$ 和 $\boldsymbol{Z}$ 可被求解如下:

$$\boldsymbol{Y} = (\boldsymbol{B}^{\mathrm{T}}\boldsymbol{B})^{-1}\,\boldsymbol{B}^{\mathrm{T}}\boldsymbol{P} \text{ 和 } \boldsymbol{Z} = (\boldsymbol{C}^{\mathrm{T}}\boldsymbol{C})^{-1}\,\boldsymbol{C}^{\mathrm{T}}\boldsymbol{Q} \tag{8-12}$$

通过式(8-12)可确定矩阵 $\boldsymbol{Y}$ 和 $\boldsymbol{Z}$,进而确定矩阵参数 Y_2 和 Z_2 的值,再根据式(8-13),边界梯度 K_{Y} 和 K_{Z} 亦可被求解。

$$K_{\mathrm{Y}} = Y_2 \text{ 和 } K_{\mathrm{Z}} = Z_2 \tag{8-13}$$

与上文中 $(\boldsymbol{A}^{\mathrm{T}}\boldsymbol{A})^{-1}\boldsymbol{A}^{\mathrm{T}}$ 相似,考虑到算法实施中 t_{p} 的取值为零,并且每次计算中 $(\boldsymbol{B}^{\mathrm{T}}\boldsymbol{B})^{-1}\boldsymbol{B}^{\mathrm{T}}$ 和 $(\boldsymbol{C}^{\mathrm{T}}\boldsymbol{C})^{-1}\boldsymbol{C}^{\mathrm{T}}$ 的值恒定不变,因此 $(\boldsymbol{B}^{\mathrm{T}}\boldsymbol{B})^{-1}\boldsymbol{B}^{\mathrm{T}}$ 和 $(\boldsymbol{C}^{\mathrm{T}}\boldsymbol{C})^{-1}\boldsymbol{C}^{\mathrm{T}}$ 也仅需在算法初始化时计算一次,在算法运行过程中不需被重复计算,减小了在线计算的计算负担。

(3) 畸变区段剔除与波形重构

在根据区段边界梯度变化率 RBG 鉴别励磁涌流与 CT 饱和电流后,畸变区段将被按照下述规则予以剔除:

如果 $RBG \leqslant R_{\mathrm{set}}$,信号将被判定为励磁涌流,H-SA 区段将被视为畸变区段并被剔除,L-SA 区段将被保留。

如果 $RBG > R_{\mathrm{set}}$,信号将被判定为 CT 饱和电流,L-SA 区段将被视为畸变区段并被剔除,H-SA 区段将被保留。

此外,为防止 SA 区段之外的过渡区段(既不属于 H-SA 区段也不属于 L-SA区段)的干扰,这些过渡区段也应被剔除。

根据上述被保留的信号区段,所提方案再次利用最小二乘算法对电流信号波形实施重构,具体步骤如下。

假设待重构的电流信号由正弦分量和衰减直流分量组成,如下式所示:

$$i(t) = I_{\mathrm{D}}\mathrm{e}^{-t/\tau} + I_{\mathrm{A}}\sin(\omega t + \theta) \tag{8-14}$$

式中　$i(t)$——电流信号在 t 时刻的瞬时数值;

　　　　I_{D} 和 τ——衰减直流分量的幅值和时间常数;

　　　　$I_{\mathrm{A}}\sin(\omega t + \theta)$——电流信号的正弦分量,$I_{\mathrm{A}}$、$\omega$ 和 θ 分别表示电流信号瞬时交流分量的幅值、角频率和相角。

其中,正弦分量和衰减直流分量可被进一步扩展为:

$$I_{\mathrm{A}}\sin(\omega t + \theta) = I_{\mathrm{A}}\cos\theta\sin\omega t + I_{\mathrm{A}}\sin\theta\cos\omega t \tag{8-15}$$

$$I_{\mathrm{D}}\mathrm{e}^{-t/\tau} = I_{\mathrm{D}} - \frac{I_{\mathrm{D}}}{\tau}t + \frac{I_{\mathrm{D}}}{2!}\frac{t^2}{\tau} + \cdots \tag{8-16}$$

取式(8-15)以及式(8-16)的前两项,待重构的电流信号可被近似表示为:

$$i(t) = I_{\mathrm{D}} - \frac{I_{\mathrm{D}}}{\tau}t + I_{\mathrm{A}}\cos\theta\sin\omega t + I_{\mathrm{A}}\sin\theta\cos\omega t \tag{8-17}$$

假设被保留的信号波形区段介于 $t = t_1$ 时刻和 $t = t_2$ 时刻之间,待重构的信号波形区段介于 $t = t_3$ 时刻和 $t = t_4$ 时刻之间。设定 $t = t_1$ 为波形重构的参考零时刻(即令 $t_1 = 0$),根据式(8-17)可得:

$$\boldsymbol{V} = (\boldsymbol{W}^{\mathrm{T}}\boldsymbol{W})^{-1}\,\boldsymbol{W}^{\mathrm{T}}\boldsymbol{S} \tag{8-18}$$

式中:

$$\boldsymbol{V} = \begin{pmatrix} V_1 \\ V_2 \\ V_3 \\ V_4 \end{pmatrix} = \begin{pmatrix} I_{\mathrm{D}} \\ -\dfrac{I_{\mathrm{D}}}{\tau} \\ I_{\mathrm{A}}\cos\theta \\ I_{\mathrm{A}}\sin\theta \end{pmatrix} \qquad \boldsymbol{S} = \begin{pmatrix} i(t_1) \\ i(t_1 + \Delta t) \\ \vdots \\ i(t_2) \end{pmatrix}$$

$$\boldsymbol{W} = \begin{pmatrix} 1 & t_1 - t_1 & \sin\omega(t_1 - t_1) & \cos\omega(t_1 - t_1) \\ 1 & t_1 + \Delta t - t_1 & \sin\omega(t_1 + \Delta t - t_1) & \cos\omega(t_1 + \Delta t - t_1) \\ \vdots & \vdots & \vdots & \vdots \\ 1 & t_2 - t_1 & \sin\omega(t_2 - t_1) & \cos\omega(t_2 - t_1) \end{pmatrix}$$

$$= \begin{pmatrix} 1 & 0 & \sin 0 & \cos 0 \\ 1 & \Delta t & \sin\omega\Delta t & \cos\omega\Delta t \\ \vdots & \vdots & \vdots & \vdots \\ 1 & t_2 - t_1 & \sin\omega(t_2 - t_1) & \cos\omega(t_2 - t_1) \end{pmatrix}$$

同时,存在:

$$\boldsymbol{R} = \boldsymbol{U}\boldsymbol{V} \tag{8-19}$$

式中:

$$\boldsymbol{R} = \begin{pmatrix} i(t_3) \\ i(t_3 + \Delta t) \\ \vdots \\ i(t_4) \end{pmatrix}$$

$$\boldsymbol{U} = \begin{pmatrix} 1 & t_3 - t_1 & \sin\omega(t_3 - t_1) & \cos\omega(t_3 - t_1) \\ 1 & t_3 + \Delta t - t_1 & \sin\omega(t_3 + \Delta t - t_1) & \cos\omega(t_3 + \Delta t - t_1) \\ \vdots & \vdots & \vdots & \vdots \\ 1 & t_4 - t_1 & \sin\omega(t_4 - t_1) & \cos\omega(t_4 - t_1) \end{pmatrix}$$

将式(8-19)代入式(8-18),可求解矩阵 **R**。根据矩阵 **R** 中的数据,可实现对介于 $t = t_3$ 时刻和 $t = t_4$ 时刻之间的信号波形区段的重构。

8.3　仿真测试与评估

为验证本章所提方案的有效性,在 PSCAD 仿真平台上建立了图 8-4 所示的仿真系统。仿真系统包括一个电源、一条配电馈线、一个保护用 CT,以及一个 10/0.4 kV 变压器;采样频率被设为 4 kHz,其他参数被列在表 8-1 中。考虑到本章所提方案专用于馈线保护,而馈线保护中保护用 CT 二次侧的负载一般呈阻性,因此在仿真中也将 CT 二次侧负载设置为阻性。

表 8-1　仿真系统参数

参量	参数	参量	参数
系统频率	50 Hz	铁芯路径长度	0.52 m
馈线长度	8 km	切面面积	0.001 12 m^2
变压器额定容量	6 MV·A	饱和磁通密度	1.08 T
每相有功负载	1 MW	二次绕组电阻	2.1 Ω
每相无功负载	0.15 MVar	二次绕组电感	0.85 mH
CT 变比	300/1		

实施仿真后,CT 二次侧电流采样数据被下载到 MATLAB 软件中。在 MATLAB 软件中编写了所提方案的实现程序,通过程序对信号采样数据进行分析、处理,剔除信号波形中的畸变区段,并对其进行波形重构。为了评估所提方案的实现效果,本章使用式(8-20)所示的误差系数表征原始未重构信号或重构后信号与理想信号之间的偏差。

$$Error_{max} = \max\{|S_j - S_{ideal}|\} \quad j = 1, 2, \cdots, N \quad (8\text{-}20)$$

式中　$Error_{max}$——偏差系数,代表信号相对于理想值之间的最大偏差;;

S_j——原始未重构信号或重构后信号的幅值或相角;

S_{ideal}——理想值,通过无励磁涌流状态仿真,以及 CT 一次侧电流数值除以实际变比获得。

大量的仿真实验验证了所提方案能够有效消除励磁涌流或 CT 饱和产生的波形畸变,减小励磁涌流对馈线保护的不利影响,并且在 CT 饱和情况下不产生误判。限于篇幅,下文仅列出部分典型仿真测试结果。

8.3.1 励磁涌流侵入空载馈线测试与评估

设置变压器 T 铁芯处于饱和状态；打开开关 K_2 和 K_3，使馈线处于空载运行状态；然后，闭合开关 K_1，使变压器产生空载励磁涌流。励磁涌流沿着馈线侵入配电网，流过馈线上 CT 时导致 CT 二次侧电流中出现励磁涌流信号。所提方案获取 CT 二次侧原始信号，根据图 8-3 所示流程对信号进行处理，最终将重构后无畸变的电流信号送至馈线保护。

图 8-8 显示了所提方案对励磁涌流信号实施畸变剔除与波形重构的具体过程。CT 二次侧原始电流信号波形、根据原始信号所求得的修正瞬时幅值 $ARTA$、所求得的区段边界梯度变化率 RBG 分别如图 8-8(a)~图 8-8(c) 所示。由于 $RBG < R_{set}$，根据设定的波形区段剔除规则，仅保留了 L-SA 区段，在时域上将其他波形区段予以剔除（抹去），如图 8-8(d) 所示。最后，根据保留的波形区段对电流信号波形进行重构，重构后信号波形如图 8-8(e) 所示。

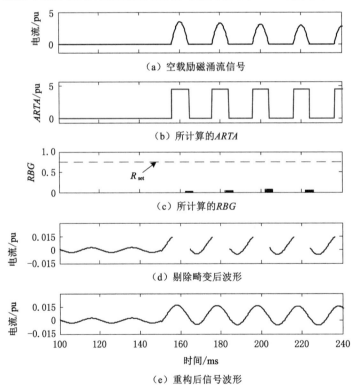

（a）空载励磁涌流信号

（b）所计算的 $ARTA$

（c）所计算的 RBG

（d）剔除畸变后波形

（e）重构后信号波形

图 8-8 空载励磁涌流信号的波形重构

　　设置变压器处于未饱和状态,重新进行仿真,将此次仿真产生的电流信号的幅值与相角视为理想值,显示在图 8-9 中。并且,将图 8-8(a)中所示重构前电流信号的幅值与相角,以及图 8-8(e)中所示重构后电流信号的幅值与相角,同时显示在图 8-9 中。根据图 8-9 容易发现,重构前信号在幅值和相角上与理想值相差很大,而重构后与理想值十分接近。具体地,在实施畸变剔除与波形重构后,信号幅值的偏差系数 $Error_{max}$ 从 1.64(pu)降至 0.01(pu)以下;信号相角的偏差系数 $Error_{max}$ 从 39.2° 降至 2.1°(均不考虑计算过渡过程的误差,下同)。以上分析表明,所提方案能够从馈线电流信号中剔除励磁涌流成分,从而避免其导致馈线保护误动作。

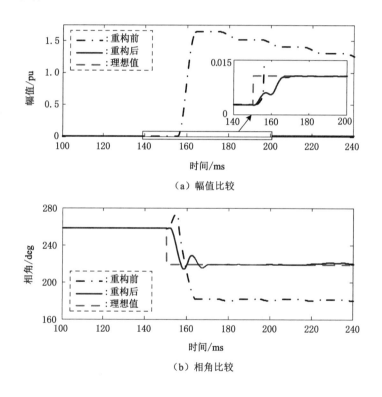

图 8-9　重构前后信号的幅值与相角

8.3.2　励磁涌流侵入带负荷馈线的测试与评估

　　保持开关 K_2 和 K_3 处于闭合状态,使馈线处于带负荷运行状态。设置变压器 T 铁芯处于饱和状态,然后,闭合开关 K_1,使变压器产生励磁涌流。所产生的励磁涌流沿着馈线侵入配电网,在馈线上与负荷电流混叠。含有励磁涌流的混合电流流过 CT,导致 CT 二次侧电流中出现励磁涌流,如图 8-10(a)所示。由于信号中不仅存在正弦负荷电流成分,而且存在励磁涌流成分,信号波形中几乎没有间断角,其二次谐波含量相对于空载励磁涌流更少。在此情况下,基于二次谐波或间断角的传统闭锁方案可能会失效。

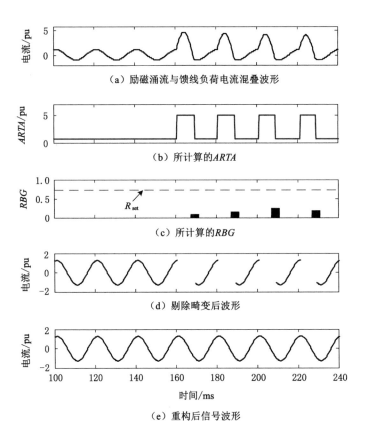

（a）励磁涌流与馈线负荷电流混叠波形

（b）所计算的 ARTA

（c）所计算的 RBG

（d）剔除畸变后波形

（e）重构后信号波形

图 8-10 励磁涌流侵入带负荷运行馈线后的波形重构

为了减小电流信号中励磁涌流成分对馈线保护的不利影响,本章所提方案实时剔除电流信号中因励磁涌流而导致的波形畸变。图 8-10(b)和图 8-10(c)为根据所提方案求取的修正瞬时幅值 $ARTA$ 与区段边界梯度变化率 RBG。根据 $RBG < R_{set}$,前述畸变剔除与重构单元将保留 L-SA 区段,并在时域上将其他波形区段予以剔除(抹去),如图 8-10(d)所示。利用图 8-10(d)中波形区段,根据式(8-18)和式(8-19),对信号在时域上实施波形重构,重构后的信号波形如

图 8-10(e)所示。

　　设置变压器处于未饱和状态,重新进行仿真,将此次仿真获得的电流信号的幅值与相角视为理想值。图 8-11 显示了重构前后信号的幅值与相角,以及其与理想值的对比关系。重构前信号[即图 8-10(a)中信号]在幅值和相角上与理想值相差很大;重构后信号[即图 8-10(e)中信号]在幅值和相角上与理想值相差很小。具体地,实施信号波形重构后,信号幅值的偏差系数 $Error_{max}$ 从 1.29(pu)降至 0.04(pu),信号相角的偏差系数 $Error_{max}$ 从 54.9°降至 1.2°。这表明,所提的畸变剔除与波形重构方法以及防误动方案,能够消除馈线电流中的励磁涌流成分,为应对配电网励磁涌流提供了新思路。

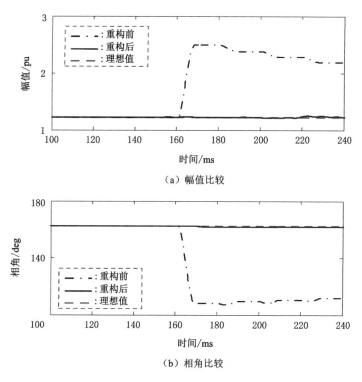

（a）幅值比较

（b）相角比较

图 8-11　重构前后信号的幅值与相角

8.3.3　饱和故障电流测试与评估

　　配电网正常运行情况下,于馈线上设置相间短路故障,产生数值极大的含有衰减直流分量的短路故障电流。短路故障电流流过 CT 并导致 CT 饱和,使 CT 二次侧产生畸变的 CT 饱和电流信号。将 CT 饱和电流信号送至本章所提方案,以验证其可靠性。

图 8-12 显示了剔除 CT 饱和电流信号中畸变区段并将其重构的实现过程。图 8-12(a)中信号为从 CT 二次侧提取的饱和的短路故障电流,从波形图容易发现,当短路故障发生后,波形中畸变区段与正弦未畸变区段交替出现。与之相伴地,图 8-12(b)和图 8-12(c)分别显示了所求取的修正瞬时幅值 $ARTA$ 与区段边界梯度变化率 RBG。由于 RBG 的值大于阈值 R_{set},图 8-12(a)中信号被判定为 CT 饱和电流,所有的 H-SA 区段被保留,其他区段被剔除(在时域上予以抹除),如图 8-12(d)所示。最后,实施了信号波形重构,重构后的信号波形如图 8-12(e)所示。

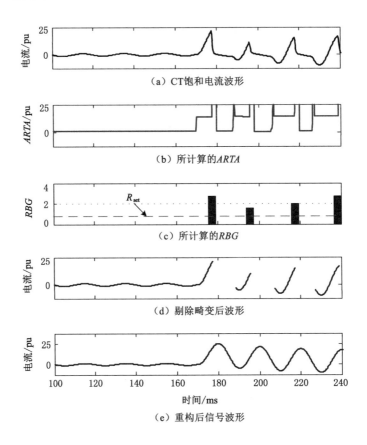

（a）CT饱和电流波形

（b）所计算的ARTA

（c）所计算的RBG

（d）剔除畸变后波形

（e）重构后信号波形

图 8-12　饱和故障电流的信号畸变剔除与波形重构

令仿真所得的 CT 一次侧电流数据除以 CT 的实际变比后,将其幅值与相角称之为理想值,并显示在图 8-13 中。然后,将重构前信号(即图 8-12(a)中信号)的幅值与相角、重构后信号(即图 8-12(a)中信号)的幅值与相角均显示在图 8-13 中,与理想值进行对比。重构前信号与理想值存在较大的数值偏差,两者在幅值上的偏差系数 $Error_{max}$ 达到 10.35(pu),在相角上的偏差系数 $Error_{max}$ 达到 72.0°。受益于所提畸变剔除与波形重构方法,重构后信号与理想值之间的偏差很小,两者在幅值上的偏差系数 $Error_{max}$ 仅为 0.19(pu),在相角上的偏差系数 $Error_{max}$ 仅为 1.1°。这表明,所提畸变剔除与波形重构方法以及防误动方案,能够修复饱和故障的故障电流波形中的畸变,以弱化其对馈线保护的不利影响。

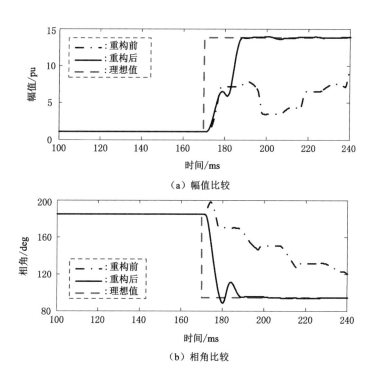

（a）幅值比较

（b）相角比较

图 8-13　重构前后信号的幅值与相角

8.4　现场录波数据验证

本节将现场录波装置所捕获的现场实际信号的录波数据送入所提方案,以验证所提方案在现场应用中的适应性。

图 8-14(a)和图 8-15(a)分别为配电网励磁涌流和 CT 饱和电流的现场录波

信号波形,根据所提方案对此 2 个录波信号实施了畸变剔除与波形重构。如图 8-14(b)～(d)所示,根据配电网励磁涌流信号所求得的区段边界梯度 *RBG* 的值小于阈值 R_{set},L-SA 区段被保留并用于波形重构,其他波形区段被剔除(在时域上予以抹除)。如图 8-15(b)～(d)所示,通过 CT 饱和电流信号所求得的区段边界梯度 *RBG* 的值大于阈值 R_{set},H-SA 区段被保留并用于波形重构,其他波形区段被剔除(在时域上予以抹除)。此 2 个信号经重构后的波形图分别如图 8-14(e)和图 8-15(e)所示,均属于相对较标准的正弦信号,其中不再含有励磁涌流成分或 CT 饱和电流畸变成分。这表明,所提方案能够处理现场实际信号,有利于其应用于实际工程。

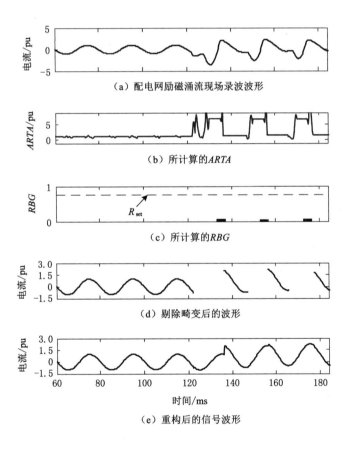

(a) 配电网励磁涌流现场录波波形

(b) 所计算的 *ARTA*

(c) 所计算的 *RBG*

(d) 剔除畸变后的波形

(e) 重构后的信号波形

图 8-14　配电网励磁涌流现场录波波形及其重构

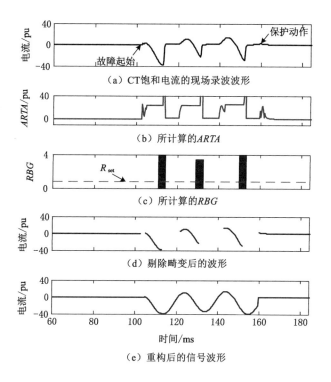

图 8-15　CT 饱和电流现场录波波形及其重构

8.5　本章小结

　　针对配电网励磁涌流容易导致馈线保护误动作的问题,提出了一种基于波形特征辨识的馈线电流畸变剔除与波形重构方法,并构建了相应的馈线保护防误动方案。通过最小二乘估计算法求取馈线电流信号的瞬时幅值,并根据瞬时幅值在时域上对信号波形进行分区;然后,利用区段边界梯度变化率 RBG 等参量进行信号波形辨识,识别并剔除励磁涌流所产生的波形畸变区段,利用未畸变区段对信号波形进行重构,从而消除励磁涌流对馈线保护的不利影响。此外,为排除 CT 饱和的干扰,在波形特征辨识环节增加了 CT 饱和电流辨识功能,使所提方法能够同时剔除 CT 饱和电流波形中的畸变区段。

　　相对于已有的应用于单台变压器差动保护的励磁涌流辨识与闭锁方法,所提防误动方案的优势在于能够有效应对混叠在馈线正弦负荷电流中的励磁涌流。此外,已有的励磁涌流辨识与闭锁方法检测到励磁涌流后即对保护实施闭锁,导致部分保护功能的中断或延时,存在盲目性。本章所提方案突破了已有励磁涌流闭锁方案的思维局限,实时剔除信号波形中的畸变成分,不会造成保护中断,为应对励磁涌流提供了一种新思路。

不同运行状态下的仿真评估结果,以及现场录波数据测试结果均表明,所提方案能够有效剔除馈线电流信号中励磁涌流或 CT 饱和产生的波形畸变;实施所提方案后,电流信号的相量测量值与理想值的偏差系数大幅降低。这验证了所提方案的有效性。

本章所述内容是针对配电网励磁涌流与馈线保护的一次新的技术尝试,所形成的仅是初步的成果,仍有许多工作需要被深入研究,例如馈线电流存在严重谐波、畸变与噪声情况下算法的适应性问题等。后续,我们将继续针对励磁涌流与馈线保护展开研究,以期进一步提高所提方案的可靠性,尽快将其应用于工程实践。

参 考 文 献

[1] 陆昊鹏,王嘉昊.能源转型中电力系统规划的关键技术分析[J].光源与照明,2021(4):129-130.

[2] 蔡明熹.电力系统自动化继电保护技术分析[J].自动化应用,2023,64(3):161-163.

[3] 王志轩."十四五"构建新型电力系统的路径及展望[J].中国电力企业管理,2022(10):15-19.

[4] 和敬涵,罗国敏,程梦晓,等.新一代人工智能在电力系统故障分析及定位中的研究综述[J].中国电机工程学报,2020,40(17):5506-5516.

[5] 郭丹.电力工程建设中配电网改造规划分析[J].科技创新与应用,2022,12(7):128-130.

[6] 王冰清,汪文达.配电网故障自适应识别技术的研究[J].自动化应用,2019(11):73-77.

[7] 李景丽,袁豪,徐铭铭,等.小电阻接地系统高阻接地故障检测技术综述[J].电测与仪表,2023,60(6):10-18.

[8] 周凯,王晓东,王刚,等.基于注意力机制的永磁同步风电机组早期匝间短路故障诊断方法[J].电器与能效管理技术,2023(6):1-8.

[9] 徒有锋,何俊佳,周志成,等.基于零序功率及谐波相位综合法的小电流接地系统微机选线装置[J].高压电器,2006,42(3):190-193.

[10] 王祖光.微机小电流接地系统接地选择装置[J].电力系统自动化,1993,17(6):48-51.

[11] 牟龙华.零序电流有功分量方向接地选线保护原理[J].电网技术,1999,23(9):60-62.

[12] 梁睿,辛健,王崇林,等.应用改进型有功分量法的小电流接地选线[J].高电压技术,2010,36(2):375-379.

[13] 刘漫雨,吕立平,丁冬,等.基于 TDFT 非同步采样的首半波法小电流接地

故障研究[J].电测与仪表,2018,55(23):22-28.

[14] 殷培峰,刘石红.基于谐波与首半波结合的单相接地选线分析与研究[J].自动化与仪器仪表,2013(4):19-21.

[15] 李立江,林海,王佳,等.基于行波理论的输电线路故障诊断方法研究[J].软件工程,2022,25(7):9-14.

[16] TASHAKKORI A,WOLFS P J,ISLAM S,et al.Fault location on radial distribution networks via distributed synchronized traveling wave detectors[J].IEEE transactions on power delivery,2020,35(3):1553-1562.

[17] 施慎行,任立,刘泽宇,等.符合 IEC61850 标准的行波电流选线装置研制[J].电力自动化设备,2011,31(3):131-134.

[18] 董新洲,冯腾,王飞,等.暂态行波保护测试仪[J].电力自动化设备,2017,37(2):192-198.

[19] 徐铭铭,肖立业,林良真.基于零模行波衰减特性的配电线路单相接地故障测距方法[J].电工技术学报,2015,30(14):397-404.

[20] 程孟晗,褚宁,梁睿,等.基于多模量行波分量相位关系的输电线路单相接地故障定位[J].电力自动化设备,2018,38(10):172-177.

[21] 邓丰,李欣然,曾祥君,等.基于波形唯一和时-频特征匹配的单端行波保护和故障定位方法[J].中国电机工程学报,2018,38(5):1475-1487.

[22] BHUIYAN E A,AKHAND M A,FAHIM S R,et al.A deep learning through DBN enabled transmission line fault transient classification framework for multimachine microgrid systems[J].International transactions on electrical energy systems,2022,2022:6820319.

[23] 曹璞璘,王登,范浩然,等.基于故障暂态过程的半波长输电线路差动保护策略[J].中国电机工程学报,2022,42(10):3587-3601.

[24] 张姝,杨健维,何正友,等.基于线路暂态重心频率的配电网故障区段定位[J].中国电机工程学报,2015,35(10):2463-2470.

[25] BARIK M A,GARGOOM A,MAHMUD M A,et al.A decentralized fault detection technique for detecting single phase to ground faults in power distribution systems with resonant grounding[J].IEEE transactions on power delivery,2018,33(5):2462-2473.

[26] 周念成,肖舒严,虞殷树,等.基于质心频率和 BP 神经网络的配网故障测距[J].电工技术学报,2018,33(17):4154-4166.

[27] GUO M F,ZENG X D,CHEN D Y,et al.Deep-learning-based earth fault

detection using continuous wavelet transform and convolutional neural network in resonant grounding distribution systems[J]. IEEE sensors journal,2018,18(3):1291-1300.

[28] ZENG X J,XU Y,WANG Y Y.Some novel techniques for insulation parameters measurement and petersen-coil control in distribution systems [J].IEEE transactions on industrial electronics,2010,57(4):1445-1451.

[29] 曾祥君,王媛媛,李健,等.基于配电网柔性接地控制的故障消弧与馈线保护新原理[J].中国电机工程学报,2012,32(16):137-143.

[30] HUANG C,TANG T,JIANG Y J,et al.Faulty feeder detection by adjusting the compensation degree of arc-suppression coil for distribution network[J]. IET generation, transmission & distribution,2018,12(4):807-814.

[31] 齐郑,庄舒仪,刘自发,等.基于并联电阻扰动信号的配电网故障定位方法分析[J].电力系统自动化,2018,42(9):195-200.

[32] 朱珂,倪建,张荣华.基于主动扰动技术的谐振接地系统单相接地故障测距方法[J].电网技术,2016,40(6):1881-1887.

[33] 刘红伟,郭上华.基于直流注入法的新型小电流接地故障隔离和定位解决方案研究[J].电气技术,2016(1):22-26.

[34] ZEINELDIN H H,SHARAF H M,IBRAHIM D K,et al.Optimal protection coordination for meshed distribution systems with DG using dual setting directional over-current relays[J].IEEE transactions on smart grid,2015,6(1):115-123.

[35] 郭文明,牟龙华.考虑灵活控制策略及电流限幅的逆变型分布式电源故障模型[J].中国电机工程学报,2015,35(24):6359-6367.

[36] GUO W M,MU L H,ZHANG X.Fault models of inverter-interfaced distributed generators within a low-voltage microgrid[J].IEEE transactions on power delivery,2017,32(1):453-461.

[37] 吴争荣,王钢,李海锋,等.含分布式电源配电网的相间短路故障分析[J].中国电机工程学报,2013,33(1):130-136.

[38] SHARAF H M,ZEINELDIN H H,KHALUIBRAHIM D,et al.Directional inverse time overcurrent relay for meshed distribution systems with distributed generation with additional continuous relay settings[C]//12th IET International Conference on Developments in Power System Protection (DPSP 2014).Copenhagen,Denmark.London:IET,2014:1-6.

[39] ZEINELDIN H H, SHARAF H M, IBRAHIM D K, et al. Optimal protection coordination for meshed distribution systems with DG using dual setting directional over-current relays[J]. IEEE transactions on smart grid, 2015, 6(1):115-123.

[40] 黄文焘, 邰能灵, 杨霞. 微网反时限低阻抗保护方案[J]. 中国电机工程学报, 2014, 34(1):105-114.

[41] HUANG W T, TAI N L, ZHENG X D, et al. An impedance protection scheme for feeders of active distribution networks[J]. IEEE transactions on power delivery, 2014, 29(4):1591-1602.

[42] 高文利, 郑李南. 配电网单相接地故障选线技术研究综述[J]. 科技与创新, 2023(15):18-22.

[43] 杨舍近, 李军, 安东亮, 等. 不对称配电网的单相接地故障分析及动态接地方式研究[J]. 电瓷避雷器, 2022(4):91-98.

[44] 郑开心. 基于时频域特征量融合的配电网基频铁磁谐振过电压和弧光接地过电压识别方法[D]. 南昌:南昌大学, 2023.

[45] SEIER E, BONETT D. Two families of kurtosis measures[J]. Metrika, 2003, 58(1):59-70.

[46] 韩笑, 夏寅宇, 丁煜飞, 等. 基于暂态零序电流的含光伏电源配电网单相故障定位方法[J]. 电机与控制应用, 2022, 49(9):81-87.

[47] SAMONDS J M, POTETZ B R, LEE T S. Sample skewness as a statistical measurement of neuronal tuning sharpness[J]. Neural computation, 2014, 26(5):860-906.

[48] 孙文治. 含多微网系统的主动配电网分层能量管理研究[D]. 天津:河北工业大学, 2022.

[49] 徐春营, 赖悦, 陈鉴庆, 等. 基于FTU的小电流接地系统单相接地故障保护配置策略研究[J]. 电气应用, 2023, 42(4):65-69.

[50] 霍敏. 基于小波分析与DTW距离的配电网单相接地故障选线方法研究[D]. 西安:西安科技大学, 2020.

[51] 苏添易. 基于稳态零序电流分布的单相接地故障区间定位技术研究[J]. 电工技术, 2023(13):103-105.

[52] 杨庆, 齐玥, 韦思宇, 等. 架空配电线路故障电弧的电磁辐射特性及故障定位应用[J]. 中国电机工程学报, 2024, 44(1):353-362.

[53] 郑鑫, 耿芸, 赵杰. 变电站弧光烟雾智能检测报警系统设计[J]. 电子器件, 2019, 42(5):1289-1293.

［54］韦明杰,张恒旭,石访,等.基于谐波能量和波形畸变的配电网弧光接地故障辨识[J].电力系统自动化,2019,43(16):148-154.

［55］HYUN S Y,HONG J S,YUN S Y,et al.Arc modeling and kurtosis detection of fault with arc in power distribution networks[J].Applied sciences,2022,12(6):2777.

［56］蔺华,王子龙,郭振华,等.考虑弧长动态变化的配电网电弧接地故障建模及辨识[J].电力系统保护与控制,2022,50(7):31-39.

［57］刘艳丽,郭凤仪,李磊,等.矿井供电系统串联型故障电弧仿真分析及诊断方法[J].煤炭学报,2019,44(4):1265-1273.

［58］高杨,王莉,张瑶佳,等.简化的 Schavemaker 交流电弧模型参数的计算方法研究[J].电力系统保护与控制,2019,47(8):96-105.

［59］陈银,吴义纯,于传,等.电网故障下双馈风力发电机动态响应分析及LVRT 控制[J].安徽电气工程职业技术学院学报,2016,21(1):14-18.

［60］于龙.非理想微电网电压环境下并网逆变器控制技术的研究[D].天津:河北工业大学,2019.

［61］吴昊天.基于永磁风机并网技术的微电网优化运行研究[D].北京:华北电力大学,2021.

［62］甘国晓,王主丁,周昱甬,等.基于可靠性及经济性的中压配电网闭环运行方式[J].电力系统自动化,2015,39(16):144-150.

［63］UKIL A,DECK B,SHAH V H.Current-only directional overcurrent relay[J].IEEE sensors journal,2011,11(6):1403-1404.

［64］SACHDEV M S,BARIBEAU M A.A new algorithm for digital impedance relays[J].IEEE transactions on power apparatus and systems,1979,98(6):2232-2240.